整理师的家

卞栎淳 主编

江苏凤凰文艺出版社
JIANGSU PHOENIX LITERATURE AND
ART PUBLISHING

图书在版编目（CIP）数据

整理师的家 / 卞栎淳主编. -- 南京 ：江苏凤凰文
艺出版社，2024.4
ISBN 978-7-5594-6590-0

Ⅰ．①整… Ⅱ．①卞… Ⅲ．①家庭生活－基本知识
Ⅳ．①TS976.3

中国国家版本馆CIP数据核字(2024)第049705号

整理师的家

卞栎淳　　主编

责任编辑	张　倩	
策划编辑	窦晨菲　李雁超　刘禹晨	
出版发行	江苏凤凰文艺出版社	
	南京市中央路165号，邮编：210009	
网　　址	http://www.jswenyi.com	
印　　刷	北京博海升彩色印刷有限公司	
开　　本	710毫米×1000毫米　1／16	
印　　张	14	
字　　数	224千字	
版　　次	2024年4月第1版	
印　　次	2024年4月第1次印刷	
标准书号	ISBN 978-7-5594-6590-0	
定　　价	88.00元	

（江苏凤凰文艺版图书凡印刷、装订错误，可向出版社调换，联系电话025-83280257）

前言
Introduction

　　家，日复一日、沉默不语地陪伴着生活其中的人，记录他们日常的欢喜与忧愁，见证他们生命中的每一个重大时刻。久而久之，家不再只是一处空间与建筑，而是染上了生活的痕迹，有了自身的体温与脉搏。

　　随着人们生活水平的提高，定制家居近几年在中国飞速发展，它以实现设计的功能性著称，从居住者的角度出发，提供个性化的服务，已形成千亿元级别的市场规模。同时社交网络对生活的渗透，使得人们很容易就被社交媒体上那些大火的设计方案所吸引。

　　但与此同时，业态还未完全成熟。很多时候我们花费了高昂的价格，却只是为视觉效果服务，没有考虑到人们真实的使用需求，在落地过程中不仅会遇到重重困难，后期的使用效果也往往不乐观。

　　消费者本想通过定制家居解决收纳问题，结果付出了很高的价格，却依然放不下生活中的必需品，储物空间利用率严重不足的现象比比皆是。比如，玄关放不下所有家人的鞋子，导致未来居住时，鞋子被堆放在床底下、衣柜里、阳台上、角落中；衣柜被各种利用率不高但造价很高的五金件和层板堆砌而成，导致使用空间严重浪费，大多衣服只能叠起来，取用几次就会凌乱，让居住者陷入无效整理的循环中；儿童房中极不实用的高低床，使用到最后，经常是上铺堆满了杂物，居住者睡在压迫感极强的下铺，不仅影响居住者的心情和居住体验，还会引起睡眠质量下降、情绪压抑等消极状况。

　　在身为整理师的10多年职业生涯中，各种问题导致居住体验不好的状况时有发生，我将解决问题的方法和想要传递的生活理念带入工作中。一名合格的整理师不仅要拥有整理收纳能力，还需要具备房屋规划设计能力、空间改造能力、装修审图能力等。

　　本书中9位整理师结合长期的整理服务经验与自身的居住体验，针对不同户型、不同家庭结构，甚至是不同的生活习惯，就设计、整理与生活的关系写下了自己的答案。他们摒弃了华而不实的装修理念，细致入微地剖析着自己及每位居住者的使用需求，一点一滴地将家布置成理想的避风港湾。介绍这些理想之家的目的，不只是为读者提供可参考的家装范式，更希望大家在阅读后，能对家有一些自己的思考。

　　从某种程度上来说，人人都是生活家。

　　在打理家中的每一个角落、将无序变成有序之时，我们会被独特的生命体验包裹，从而更好地体验生活、认识自我。在居住空间内，以有限的物品建立起内心的秩序与安全感，让空间可持续发展、让物品与人共生将是我们一生的课题。

卞栎淳

目录
Contents

第一篇

极繁主义的我，
把家住成什么样

1

卞栎淳 / 北京市 / 300 m²

在城市的郊外，依稀听到鸟语声声。沿着林间小径步入亲自规划的家，每天打开门锁，都像是打开梦中艺术馆的邀请函。

家如同一幅画卷在眼前徐徐展开，灯光亮起的瞬间不禁漾起笑意。时光在这里似乎放慢了脚步，过去的记忆与当下重叠，温暖着自己，也温暖着到访的每一个人。

家，就在此处。

住宅信息	整理师：卞栎淳	基本户型：三层小洋楼
	城市：北京市	装修工期：30 天
	使用面积：300 m²	装修竣工年份：2022 年

用设计为自己造梦

（一）梦之乡，始于规划

我的家位于北京市通州区，紧邻风景如画的东郊湿地公园。盎然的绿色和清凌凌的水流，让这里远离了都市的尘嚣，增添了几分桃源旧乡的惬意。

当我第一眼看到这座房子的时候，脑海中马上浮现出以后生活在这里的画面。

出于整理师的本能，在决定入住之前，我认真列出了自己的条件和需求：

自己之前的房子距离母亲家比较远，户型是两室，来回照顾老人和孩子较为麻烦，而这座房子离母亲家只隔一条马路，很方便；另外，装修后能住很多年，可以等以后自己有能力买大房子时再更换；在过渡的几年时间里，生活品质会更高，还贷压力会变小，一举多得。

家所在的北京四季分明，风景颜色的变换装点了生活的"情绪"

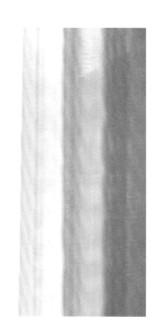

生活一角

　　由于平时工作较辛苦，在家的设计规划中我更愿意取悦自己，更在意生活的品质与点点滴滴的感受。只有这样，才能让自己的灵魂有处安放，才能滋养自己以充沛的精力去工作——为自己按下良性循环的按键。

　　这是我送给工作多年的自己的一座"城堡"。以前总在梦中想象家的样子，寄托种种情思；而现在，我可以反过来，用家为自己造梦。

　　这套房的硬装从施工到大体完工，只用了30天。采用"轻装修、重装饰"的理念，房屋整体布局十分轻盈。等到了要搬离的那一天，目之所及，都是可以带走的家当。

　　大家在装修时很容易受制于传统的装修观念，客厅是客厅、书房是书房。可当我拿到平面图时，并没有把每个房间都看成固定的功能区域，而是把整套房子作为一个整体去考虑它的空间规划，将空间、物品、人三者结合，思考如何设计才能在这里得到最舒展的生活，"进"可与亲友欢乐共度，"退"可一个人充分感受世界的静谧，在平日里，则可以专心致志地做一切想做的事情。

　　无论是生活，还是工作，都会在转身的片刻，找到自己想要的样子。

　　就这样，房子的一层作为充分开放的空间，纳入了厨房、餐厅、会客厅与儿童房，很多收藏也陈列于此；二层是独属于我和先生的空间，有私人小客厅、书房、绘画区、衣帽间和家政间，满足我和先生对生活的一切希冀；三层是卧室和浴室，隔绝熙攘，纯粹放松。

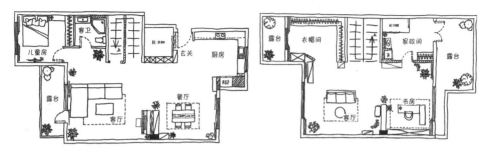

一层平面布置图　　　　　　　　　　　二层平面布置图

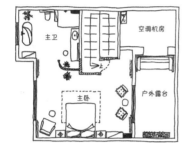

三层平面布置图

在做好空间布局的规划后，下一步是为自己定制风格。相比第一套房子浓墨重彩的色调，这次我选择了相对浅一些的复古色搭配，既中古又清新。让自己的家兼顾冷静地工作、安静地思考、沉浸式地放松、温柔地补给等功能，让有趣的灵魂和自由的身体可以安放，才能更好地笑对生活。

新家相对轻盈自然，更符合我富足且自在的生活现状

（二）一层，与世界的色彩碰撞

一层主体采用沉稳而浪漫的卡布奇诺色，与各种中古物品一起营造出复古的基调。同时，搭配原木色地板，又不失现代的轻透感。

空间并没有按照传统设计做很多隔断，而是把玄关、厨房、餐厅、琴房、客厅空间打通，打破传统的束缚感。这也融入了我的思考：究竟要有多少空间，才能真正够用？我认为厨房、餐厅是能够与家人近距离感受烟火气息的地方，如果有墙体的阻隔会太拘束，家人之间也会增加距离感，了无生趣；而客厅则是三五好友谈天说地的地方，一起听着音乐、奏着钢琴、弹着吉他，尽欢而散。

这样的空间，少即是多，多即是少。明确了自己的需求和空间格局后，顿时豁然开朗，我需要一个刚刚好的、专属于我的客厅。

1. 玄关

玄关在入户的右手边，利用入口凹陷处做了玄关柜。采用卡其岩纹的板材，不同层高搭配不同鞋子的尺寸，容易拿取，更不用担心清洁的问题，用上10年都没有问题。可灵活移动的层板设计，在夏季将长筒靴收纳在高处换季区，在冬季可以根据靴子的高度拆除相应层板。

可容纳 70~100 双鞋的玄关，是全屋最高效简洁的收纳空间之一

11

①鞋柜深度：35 cm，可放男士鞋。

②层板高度（可灵活调整）：

15 cm，收纳平底鞋；

25 cm，收纳高跟靴及踝靴；

30 cm 及以上，收纳长筒靴。

③抽屉高度：20 cm，收纳鞋油、鞋垫、出门使用的粘毛器等小件物品。

玄关柜格局规划

活动鞋柜如何安装灯带？

　　想要规划出随时可以调整层板的鞋柜，灯带需要在侧柜立式嵌入而不是镶嵌在层板上，这样方便换季时根据鞋子的高度调整层板，也可以无死角地照亮鞋柜的每个角落，让搭配更有仪式感。

　　这样的设计，无论是出门，还是归来，在玄关停留的时间都不会超过两分钟。在这里可以实现和外部世界角色的高效切换，让我的生活更加守时。

2. 客厅

　　灵活，是我为客厅做的定位。客厅不应是气派的、展示自己财力的场所，而是亲友相访、家人们分享日常、轻松融入彼此的空间。因此，我用复古屏风做了简单分隔，用一架钢琴连接餐厨空间与公用起居处。

客厅，方寸之间，随心欢乐

跟随我近 10 年的钢琴

餐盘架一开始保留了原木色，
后来我自己动手改造为古典
的黑色，与餐桌更相配

傍晚的餐厅

　　屏风左侧的餐厅设计采用了"留存极繁、告别浩繁"的理念。比如我定制了两款薄薄的餐盘架，让它们浮于餐桌的后方，不仅做好了整理收纳，实现随时拿取归位，更能在视觉上营造古典的美感，从而使其成为装饰的一部分。

走在一层的餐厅，更像在花园中行走

屏风下的收藏，占地虽小，却足以收纳水吧的各类物品

在餐盘架右侧，摆放了深红色皮质的餐边柜作为水吧，集中收纳心爱的杯子以及西餐盘等用品，随时取用。

其余的杯子则放入拱形的原木色柜子中收藏。在上一套房子里，它是一个书柜，到了新家，物尽其用，变成了杯子收纳柜。一切都一目了然，不需要标签，这些杯子从此不必被束之高阁，它们就在你视线所及之处，静静地等着你。

常随心情改变的主题装饰。经常改变一些物品的摆放位置，也可以增加新鲜感

餐桌椅选用了黑色复古的木制桌子和带有复古元素的藤编椅子，这是餐厅最为"厚重"的地方。日常桌面会摆着花束、餐垫、漂亮的纸巾盒；用餐的时候，上面便是各种精致的餐具和令人垂涎的美食。

坐在开放式的餐厨空间里，看到爱人忙碌的身影，就会有一种想要一起做美食的冲动，把每一次普普通通的用餐都变成一场有仪式感的活动。参与家务是对另一半付出的尊重，也是对家的尊重，可以一起集中精力享受生活，享受每一刻。

3．厨房

如果厨房的"颜值"一定要配得上那些精心烹饪的美食，那么开放式厨房就必不可少。但相比于颜值，更重要的是要按照下厨人的使用习惯和动线来规划空间。

厨房的常规规划方法是将冰箱、水槽、备菜区、烹饪区设置在一个三角区内，动线简单，高效有序。在这个家，我又使用了几个整理巧思：

（1）在水槽台面右侧的置物柜旁，利用窗边15 cm宽的空隙定制了一组薄柜子来收纳五谷杂粮，既美观又实用，避免食物深藏在柜子中，以降低其过期的概率。

（2）转角备菜区有水表和煤气表的地方，做柜体或五金拉篮都无法便捷使用，可以摆放一个灵活的小推车，放置洋葱、蒜头等不宜收纳在冰箱内的食材，一举多得。

（3）可以把直接放在空间里会显得笨重突兀、嵌在柜子里造价又过高的冰箱，嵌在墙内的小空间里，上面用法式布帘遮挡，视觉上冰箱就像嵌在柜子里一样。

柴米油盐酱醋茶，人间烟火也有趣。黑色的柜子搭配复古的墙砖和地砖，一股浓浓的南洋风扑面而来，置身其中，并不会觉得做饭是一项家务，而是一种难得的享受。

厨房一角

少占空间但极具收纳力的薄侧柜

转角空间放了两个小推车，方便收纳和清洁

每天买完菜回家，将菜放置在水槽右侧的台面上；整理菜品，清洗后拿到左侧转角的备菜区备菜；打开抽屉将备好的菜放在餐盘里；起火烹饪后，将做好的菜肴摆在餐桌上。这就是我家厨房的动线

楼梯的画作采用了浓烈的色调，并增添了一分野性，加强风格碰撞的趣味

自己的画作不仅填充了空间，还为很多小角落增添了乐趣

4. 转角，不忘生活

　　小的时候，常常会望着转角楼梯发呆：日子就如同那一层层攀升的阶梯，连接着两个空间，步入就可以进入一个完全不一样的地方。

　　现在，我的家便拥有这样的阶梯，我希望它是一层艺廊的"延长线"，也是二层起居室的"前站"。所以，我将自己的一些小画作放在这里，并添置了能够双向发光的射灯。

　　这盏如同沙漏一样的小小暖灯，每次都会呼唤我在阶梯上驻足，看看自己的一二笔触，合上眼感受时光微微流过。

　　这里的画有动物、有植物、有风景，都代表着一种顽强的生命力，它们时刻提醒着我，要永远对身边的人、事、物保持敬畏之心，保持深情与热爱。

（三）二层，生活处处是灵感

二层是给自己设计的独处起居室。

集合私人客厅、书房、画室与衣帽间等功能，并使用易让人联想到大自然的绿色作为主色调。这种色彩能够让我在独处的空间里完全地放松下来。

这里是我作为整理师的最佳空间。衣帽间完全按照我的空间规划理念打造，给我的生活注入一丝工作气息；而书房珍藏的许多书籍曾在我的教学时光中给予我不少启发，是我工作中的部分灵感来源。

从一层楼梯上行，一眼就能看到楼梯正对面开放式的私人客厅，左前方是带落地窗的书房，楼梯的右后方则是衣帽间。这样的布置，将动线尽可能简化，即使穿越楼层同时做几项活动，也能以楼梯为轴高效完成，不必来回穿梭。

私人客厅兼为我的创作空间

透过书房的隔断，可以看到通透的私人客厅与衣帽间。孩子偶尔来这里玩耍，我可以陪伴、工作两不误

1．衣橱，我的 A、B 面

每天清晨，我在三楼醒来，下楼来到转角的衣帽间，完成当日造型，开始充满活力的一天。

衣帽间的一面是落地窗，另外两面墙是定制的顶天立地式的柜子。衣服挂在透明的玻璃门后面，每次从那里走过，都觉得衣物仿佛变为博物馆中的收藏，而每件衣服的故事，由我与它们共同书写。

L 形的顶天立地式衣柜，其尺寸是我亲自规划设计的，不浪费每一寸空间。正面的一组，最上方正好可以放进 6 只百纳箱，收纳换季衣物及备用被褥；其余地方打了6 组挂衣杆，搭配植绒衣架和裤夹，所有衣服的收纳都变得轻松起来，衣物在细长灯带的暖暖微光下焕发生命力。

全落地玻璃门的另一面，是我的全身镜。这种隐藏式设计可以避免厚重的穿衣镜占据过多空间，也让我在取衣服时即刻完成妆造，不必多走几步就能看到上身效果

空间利用率极高的衣橱，减轻换季搭配压力

　　对着窗的一面，与正面一样，上方收纳换季用品，下方根据尺寸收纳长款连衣裙、中长裙等衣物。

　　衣柜设计分为非常用区和常用区。柜子最上方的空间是非常用区，高 40 cm，刚好放置市面上最常用的 66 L 百纳箱。下方常用区的总高是 200 cm，其中悬挂及踝连衣裙的长衣区常规高度为 150 cm；悬挂及膝连衣裙和中长外套的区域高度为 115 cm~120 cm；短衣区高 92 cm~93 cm，可分为两层，分别挂短衣和裤子；抽屉的每层高度从上到下分别为 25 cm、28 cm、28 cm。

A 柜布局

A 柜规划

左侧柜体收纳先生的上衣和裤子，中间柜体收纳我的衬衣、针织打底衫和外套。

由于我的半裙长于一般裙长，于是对右侧柜体做了一些改造。右侧柜体上方改短，可以收纳较短的小衫，下方正好可以放置我较长的半裙。

B 柜布局

B 柜规划

左侧原本预留为长衣区，后改为短衣区，收纳卫衣和裤子。中间柜体收纳及膝的连衣裙和中长外套，下方抽屉收纳睡衣和围巾。右侧在长衣区下方增加挂衣杆，利用空余空间悬挂短裤，不浪费每一寸空间。

作为整理师，我十分注重个人形象。很多朋友虽只见过我一面，但都能把我的模样深深记在脑海里，帽子功不可没。

作为"帽子控"，我有几百顶帽子，供不同季节、不同场合佩戴。因此，我定制了与小包高度相同的层板，按照层次陈列。虽然帽子数量很多，但我每次搭配用时都不会超过 30 秒，这就是整理的魔力。

家，无论走到哪里，视野里都是明朗与开阔。在北京工作节奏日趋紧张的日子里，这种开阔成了漂浮在城市深海的船锚，让我能够靠岸，恬逸地积蓄更多力量。

几百顶帽子的冰山一角，每一顶都有故事

2．书房，让我自得其乐

在阅读与写作的时候，需要静心凝神，所以我的很多时间都是在书房度过的。

我的书房一面是落地窗，另一面是通往私人客厅的木质搁架。

一半是工作，一半是生活。疲累时，凭窗眺望远处的绿丘与清溪；傍晚，打开头顶的一盏灯，就能投身于文字堆叠的知识世界。

书柜、衣帽间都是按照自己设计的尺寸定制的，一面墙就可以解决所有收纳问题。我整理过上百个书房、几十万本书，对常用书籍、文件和证书的尺寸了然于心，于是，在自己的家，用10余年的经验，为自己迎来"最优解"。

半高的矮柜形成了天然的边界

柜体内部格局

一目了然的书柜

上方透明柜门设计，柜体内径深度为 25 cm，常规书柜深度为 30 cm，书籍前方空余处容易藏污纳垢，如果随手摆放各种小物件，会导致书籍不好取用，另外常规的 A4 大小书籍收纳只需要 21 cm 左右的深度，所以我将书柜的陈列展示区深度设计为 25 cm，充分节省空间。

陪伴我多年的几千本书按照类别、尺寸和阅读进度排列，在我需要时，可以立即找到相应书籍。

下方隐藏柜门设计，柜体深度为 40 cm，层板间距有高有低，左侧两层区域用来收纳各种文件、票据、说明书、打印纸等家中常备物品，右侧三层区域用来收纳我和女儿的学习用品及家中小型电子产品。设计适合的内径尺寸，让我的书房不仅能容纳超级多的书籍，还能将家庭生活的琐碎一并收纳在书柜里。

在这个空间里，既可以畅游知识的海洋，也能抵挡琐事的困扰。

书房，享受怡然自得的时光

我心爱的装饰品

3. 家政间，洗尽铅华始见真

人们常说生活的琐事会磨灭所有的热情，再好的房子也抵不过时间的侵袭。然而，真的是这样吗？走进我的家政间，你可能会改变之前的想法。

极具收纳功能的家政间

我帮这里的每一件物品都找到了家。

进门左手边是洗衣机和水槽，可以在洗衣机上方定做一组镜柜，在水槽下方收纳洗衣区常用的洗涤用品。

门后的工具柜由衣柜改造而成，我在上方增加了层板和收纳盒，用来收纳钉子、锤子、胶带、电钻等常用的小工具；在下方收纳拖把、扫把、吸尘器、地毯清洗机、洗地机等清洁工具；在中间悬挂熨烫机，并在侧面墙体安装了悬挂式可折叠、可旋转的熨烫板，这样可以将晾晒好的衣服熨烫后直接挂进衣橱，不仅动线简单、使用方便，还节省空间。

这里的规划与其他生活区不同，其他区域可以将美的、心仪的物品陈列展示，而在家政空间，更讲究"二八原则"。"露二藏八"，整个家政间视线所及的地方，除了洞洞板上的小件常用工具，其他物品都用相应的收纳盒分类收纳，贴好标签便于查找和使用。

在这个很多人认为摆放着凌乱物品的空间里，经过系统的收纳规划，也可以一尘不染。

家政柜内部格局　　亲自打造的洗衣角落

（四）三层，给自己的偏爱

三层是真正留给身体和心灵的空间，也是纯粹为生活而留存的秘密角落。一床、一浴、一爱人，足矣。

这里主要的色彩是法式复古的墨黑与幽绿，柔软的壁布搭配原木色地板与浅色鎏金柜，会不自觉地感受到幽静与深沉。

卧室是家中"极繁"体现最少的空间，只为睡眠而生。风琴式的拉门隔开了主卧与洗手间，轻盈的折叠感包裹了心中的柔软。每天太阳自东向西迁徙一轮，植物的叶片亦随之招展，浅浅淡淡的影子也在变幻。

主卧卫生间·私密与静谧

这里是我的"私密生活集合空间"，我为品牌方设计的 EKA 收纳柜可以用 20% 的柜体收纳超过 80% 的常用物品和囤积货品。

富有创意的折叠拉门，用时关闭，平时轻巧折叠起来

无论何时投去视线，这里都是一幅画

卧室一隅

洗漱区规划：

①上方镜柜为常用区域：收纳常用护肤品、化妆品；

②下方收纳格为不常用区域：收纳化妆棉、面膜、牙膏等。

③抽屉为常用区：收纳日常彩妆用品和化妆工具。

④台面：用漂亮的托盘收纳日常护肤品。

坐便器上方的收纳空间

我整理过的很多居室空间，洗漱区都放在了洗手间，卧室里再单独配备化妆台，"洗脸—化妆—洗手"来回走动十分浪费时间，也占用了不少宝贵的空间。

我的卫生间设计实现了"洗漱—化妆"一体，最大化缩短动线，也实现了物品的集中管理收纳，避免其散在各处。台面下的抽屉高度比膝盖高一些，坐在那里化妆的时候，腿部也非常舒适。

有限的空间，收纳全部洗漱用品、护肤用品、化妆用品

坐便器侧柜与上柜看似很轻薄，收纳量却惊人。常用和备用的清洁用品、卫生用品都可以收纳于此；台面上可以摆放喜欢的香氛和书籍，也可以用来临时放手机；而坐便器区使用的清洁用品就收纳在侧边柜的最下方，便于拿取。

这样的设计不仅保持了卫生间的格调，还让空间变得舒适而轻透。这里是纯粹的生活空间，却没有一丝生活的琐碎与繁杂。

浴缸是我留给自己的一份任性。

毫无附加功能和花哨的概念，只需要躺在这里享受着热水带来的温暖，闭上双眼就能摒弃一切纷扰和杂念。

保持心灵能量充沛，面对极繁的世界，才会更好地享受它，而不是逃避它。

离不开的"能量补给站"，一个充分放松身心的浴缸

极繁主义，为自己定义

过去的几年里大家都在倡导"极简主义"，生活的富足让人们厌倦了纷繁的物质生活，想要放空、缩减、停歇。剪除物欲，让自己满足于有限的选择中。

但这两年，大家开始纷纷抛弃"断舍离"，更多地在家里囤积物品。而有序的整理收纳是必不可少的一步。很庆幸，我在十几年前就领悟到了这一点，并坚持遵循着自己的留存之道。

所以，我的家可以像个小小图书馆，随时触摸智慧；可以像个小型博物馆，承载着我的温暖和回忆。如果仅是为了"控制物欲"就清理物品，岂不是会辜负过往的岁月。

各种复古饰品的收藏，同样蕴含着"卞栎淳式"浓烈的色彩

不需要极限选择，而是为自己的需要去留存，是富足的，也是自在的，这是整理师这份职业带给世界的最大意义。几万件物品形成独属于我的"生态系统"，有机地在居室的各个空间里被使用着。

那么，要如何处理物品的"极繁"？我在家中做了一些看似"不经意"的空间规划设计：

小贴士

划分动静区域

一层是动区，用于休闲、娱乐、用餐、会客。二层和三层是静区。二层属于"心流区"，是舒展内心的小天地；三层是睡眠区，赋予夜晚静谧而美好。

设置"顶天立地"柜

不仅从空间上更好地利用了储物空间的格局，同时在视觉上也有效利用了视觉完整性，使空间做到既能收纳又美观。

物品上墙

平面一平方米，占据的是生活；立面一平方米，俘获的是心灵。将自己心爱的摆件、画作、小物件进行立面收纳，可以减少很多平面空间的收纳烦恼，还可以为空间增加独特的氛围感。

收纳边界

利用柜子与盒子等收纳用品，分隔物品的最大容量边界及单品的最大存储边界，让每个物品都有自己的家。这样即便是不常来的客人想使用某件物品时，每个家庭成员也能瞬间说出它所在的位置。

适当的空间规划哲学，可以帮助自己把握生活的每条脉络。家庭中所有区域都承载着各自的功能，都有各自的使命，认真规划每一个空间，帮助家中每一样物品"寻道归正"，进而重获心灵自由，通过整理物品来梳理亲密关系。享受极繁带来的惬意生活，与家人共享这种富足的快乐，这是我理解的中国人几千年来的家庭观念。

享受极繁，也是我为幸福下的定义。

（一）感受色彩斑斓的记忆

我的家包含了我对生活的千千万万个期待与想象。每一层都有不同色彩的故事，每一层都有一个梦。这栋房子是在为自己造梦，融化热情，描摹梦境，在色彩的迷宫中创造传说。

每位造访我家的客人，哪怕十分了解我的风格，也依然会为我家浓重的色彩而啧啧称奇："这样会不会太艳，会不会显得太饱满？"我都会笑着说："看我未完成的画作，取色和笔触要更加大胆呢。"

我们已经习惯了平淡的生活，似乎在外面的世界接收了太多的信息和情绪，回到家后要将其迅速清空，在一夜的休息中经历重重的梦，醒来后再次冲入纷繁的世界。

家不再是生活的中心，家变成了中转站。

在整理过众多个家庭空间后，我更加觉得家中多姿多彩是多么重要。

身为整理收纳师，我深知颜色对人的影响有多么重要，甚至认为色彩是有味道的。色彩蕴含着情绪，而情绪也可以通过色彩来展现。

我家用卡布奇诺色、春意绿色和墨色分别表达了三个空间的三种情绪。

女儿画画时说："妈妈世界里的色彩，比我的还要多。小时候，妈妈给我买各种颜色的衣服，我童年的记忆是色彩斑斓的。"

色彩赋予家不同的情绪

（二）私人家居博物馆

家的主体完成整理后，有位朋友评论我的家是一个私人家居博物馆。

作为中古爱好者，我有很多件中古物品和陈年物件，有的是亲自淘的，有的是与故友交换的，有的是孩子小时候亲自制作的，还有亲友送的……我还有上千件衣服、上千本书、很多琉璃杯和瓷盘、很多件复古饰品，每一件物品都拥有悠长且值得回味的故事。

我并没有执着的物欲，家里的收藏总是保持一定的数量，但当遇到美好的物品，其让我心动不已时，我就会珍惜那一刻的心动，让它们及时加入我的家。当部分物品超过了预期，可以给更需要的人时，我会毫不犹豫地把物品送到更珍惜它们的朋友手里。

我的家，永远处于动态的平衡中；我留下的，都是于当时的我而言最珍贵的。

不是刻意陈列的才是家居收藏，家里使用的每一个物件都具备收藏和使用的双重功能

（三）人与物恰到好处

很多人问我："作为整理师，除了空间规划，是否还有其他维度的规划？"

当然有。

我的规划设计以一生为尺度，以现在为轴心，以家人为边界。以一生为尺度，每个今天就会变得微小，很多现阶段难以释怀的事情便会看淡，考虑的都是长远的幸福，就更加平和自在；以现在为轴心，是珍惜当下，不错过每一个现在，为记忆留存最值得的东西。

就像很多人开始整理的时候，只聚焦于如何整理物品，而我一直在强调空间利用率不高的问题。从空间格局入手，就会发现，原先关注的问题就会变得很小、很具象。整理的思维应当在最开始就融入设计，融入每个家庭成员的需求，才能让人们在家里更舒适地生活。家是一家人的家，不是一个人的家，为家做设计规划的时候，永远都要记住这一点。

卞栎淳与女儿

书房的拱形隔断像是城堡的城门守护着家人

第二篇

打造滋养身心的家，
让生活从容又美好

宁蔓 / 南通市 / 200 m²

杨绛先生说："生活，一半是柴米油盐，一半是星辰大海。有时候，生活放一点盐，它就是咸的；然后再放一点糖，似乎就是甜的；再添加一点诗意，它就是别人眼里的远方，想要什么味道，全凭自己调味。"

家，不是别人眼中的羡慕，是自己过起来的舒服。

家，是全世界最舒服的地方。

住宅信息	整理师：宁蔓	基本户型：平层四居室
	城市：江苏省南通市	装修工期：17 个月
	使用面积：200 m²	装修竣工年份：2017 年底

家，是温暖的港湾

家是休憩之地，忙碌了一天回到家里，我们感到平静、安宁，心情得以放松。每个家庭都有自己独特的能量场，舒适的居家环境能够让每个居住其中的人得到滋养。

从 2018 年到现在，我和家人在这个房子里已经生活了 5 年有余，大家对这里的一切习以为常，似乎感受不到时间的流逝。前两天，新请的阿姨来家里工作时惊叹道："你们是不是刚装修完搬进来呀？这么清爽！"

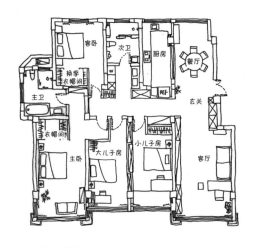

平面布置图

那时我们才意识到，美好的家，会像新家一样，焕发着活力。

从一开始的空间规划，到后来根据每个人的需求进行调整，我都参与其中，最终形成了现在的房屋格局。而我也是因为装修这套房子，才接触到整理行业，成为一名整理师。

整理为我和家人的生活打开了一扇新的大门，也使我对生活注入前所未有的热情。

之前住了 10 年的房子，是我和先生在婚前装修的，随着两个孩子相继出世，储物空间不足、动线不合理等缺点开始逐渐暴露，呈现一种杂乱的状态。这也对我的生活造成了影响：我的情绪在繁杂的空间中变得焦躁，每天都有做不完的事等着我。

因此在装修这套房子的时候，我决心一定要从根本上解决这些问题，打造一个有序、有温度、能滋养每一个人的家。

于是我找了业内较为有名的独立设计师来做设计。但到了橱柜定制阶段，我发现对于家庭储物空间的规划以及动线的设计，无论是独立设计师还是橱柜品牌的整体定制，都没有给出让我感到安心的解决方案。独立设计师更关注家的美感，而定制橱柜则专注于"样板生活"，二者都没有围绕我的物品和储物需求从根本上解决问题。

在寻找解决方案的过程中，我接触到整理行业，学习到空间规划这个概念，以及空间、物品、人之间的共生关系。于是我暂缓了装修，前后用了半年时间去学习空间规划与整理收纳。不断地学习和吸收，让我深入了解了家的空间规划，对家的可移动空间进行了调整。对于小部分已定型的空间，也不会再去纠结，因为在懂得空间规划的方法后，即便不方便改造，依然可以通过规划满足自己的需求。

事实上，从入住到现在，这个家实现了我们对它的最初期待，有序、有温度，并滋养着我和家人。

朋友来家里做客，大人和小孩互不干扰

有序，让生活从容

生活中有无数个需要做选择的时刻，想让生活变得更加从容，就要做好取舍。

在家的格局规划与布置上，也是如此。

在同等面积的复式别墅和平层住宅之间，我们选择了这套大平层，因为每个房间都很宽敞，显得不那么局促。所有房间都采用了落地窗，光线很好，视觉的通透会带来内心的豁达。

风格上我们选择了新中式，在传统中式设计的基础上做减法，简约而不简单。白墙搭配简约的中式风，空间有留白，是可以呼吸的。即便过了多年，仍然不会觉得过时，也依旧有变化的空间。

居室的定制橱柜以胡桃木做底色，门板上做藤编处理，这样空间不会因为颜色的深沉显得太压抑。其他家具和配饰也选择带有部分藤编的元素，比如圈椅以及餐椅的坐垫，这些都可以给空间带来轻盈感，弱化中式的厚重氛围。

儿童房的橱柜选用橡木色，视觉上更显明快。橡木色是主色调，搭配胡桃木的床头柜和书桌，空间就更有层次感。

每个房间除床、储物空间，都还要有足够的空间作为私人活动的区域。相对每个房间的私密空间，客厅是大家交流和休闲的地方，承载了很多储物需求，收纳功能强大，动线也符合我们每个人的习惯。

好的空间规划能够保持家的有序，这种有序可以让生活变得从容。

（一）玄关：出入家门的中转站

玄关是家的第一印象，也是每个成员出入家门的重要中转站。换鞋区、放包区、次净衣区、其他物品区都设置在这里，可以最大限度地简化动线，只需一分钟，就能完成出门的准备和回家的安顿。

我有一个保持玄关有序的小神器——竹编小筐。进门后，有些不太好立即归位的小物件，如移动电源、记事本、化妆品小包、红领巾等，就可以顺手丢进这个小筐里，避免散落在家里各处，下次寻找时，直接伸手在筐里翻翻就好。

我会根据日常的穿搭更换包，包内的物品则用小分类包做好收纳。回家后，我习惯把包里的小分类包拿出来放在竹筐里，第二天出门要换包的时候，不需要来回移动物品，直接将小包嵌入大包，全程只需 10 秒，节约了许多时间。我身边的很多人把包买回来后就束之高阁，鲜少使用。我却觉得物尽其用才是对物品和自己最大的尊重。

容量很大的竹编小筐

绿植透过镜子映射出来，玄关多了一道风景

（二）客餐厅：开阔感与舒适感交织

在初始规划客厅时，我们特地没有让空间太满，保证人均公共空间面积，尽量让客厅有开阔感和舒适感。

边柜、禅榻、茶桌以及定制橱柜中投影区域下的地柜，形成家具布局上的视觉合围，带来平衡感，视觉上又不乏层次。

客厅的合围设计

大人和孩子围坐在茶桌旁

而在我们的日常生活中，围绕茶桌，形成一个小合围，聊天喝茶，亲近自在。平日里会聚在这个茶桌上玩桌游，或是画画、做作业。有时候大人们在茶桌旁喝茶，孩子们趴在矮柜上画画或在禅榻上看书，冬天地暖开着的时候甚至可以直接趴在地上玩儿。

后来，我们调整了禅榻的位置，将窗边打造为交流区，喝茶、学习、看书，时常晒晒太阳。如果把客厅正中间完全空出来，孩子则能在客厅玩陆冲。可静可动，乐趣无穷。

这是我最喜欢的客厅区域，坐在这里，内心渐渐变得平静

弟弟在玩陆冲

调整后的禅榻位置，茶桌上适当摆放一些传统瓷器或铜器，可以让客厅更加具有中式特色

对绝大多数家庭来说，客厅区域需要收纳的物品体积不统一、类别多，使用场景也较杂，这是整理收纳中经常遇到的问题。所以，首先需要在客厅的空间设置足够的收纳体；其次要根据自己的生活习惯与需求规划好物品的位置以及收纳方式。在这里分享几个收纳小技巧：

1. 分区收纳

我家大致可以划分出以下几个区域：购物袋储存区、说明书及家庭文件区、小电器区、工具区、文具区等。

购物袋储存区

储物柜左下角底层是购物袋储存区，我们把一些外形美观或舍不得丢掉的购物袋都收在这里，需要时直接拿就好。有一些装咖啡或者甜点的拎袋我也会留着，挂在茶水区的柜门上用作垃圾袋，避免动线过长的问题，既不用专门买个桌面垃圾桶，又能时常更换视觉效果，丢满就扔，方便又实用。

客厅柜体收纳展示

储物柜实现多功能收纳

小电器区

打印机和相机的小配件，比如与打印机相关的墨盒、订书机、打印纸、拆钉器等，以及与相机相关的电池、充电器、滤镜、快门线、补光灯、存储卡等，我都用塑料抽屉收纳在距离设备最近的位置。

文具区

至于孩子们的文具，我会把使用频率高的放在书桌学习区，其余的统一放置在文具囤货区，这样既能够减少学习区的物品，也方便我及时补充物品。

2. 预留电位

如有工作和生活中所必需的电器用品，出于美观的考虑，不打算显露在空间内部，就一定要在装修前规划好其摆放位置，并预留电位。这样一来，就可以保证客厅观感上的整洁有序了。

3. 选对收纳工具，使用标签定位

有的时候储物空间有限，需要收纳的物品又很多，那么购买一些收纳工具，比如塑料抽屉、收纳盒等，就可以完美解决这个问题。

对于家里各种零零碎碎又不可舍弃的小物件，不妨用塑料抽屉将它们分类，再使用标签定位，这样方便查找，可以快速实现物品的定位和归位。

让空间得到最大限度的利用，可以有效帮助我们明确物品的分类和摆放位置，尤其是可以让孩子快速养成物品取用后及时归位的好习惯。

4. 特殊物品收纳

我家的储物柜内还专门设有一个礼物抽屉，用来放孩子送给我们的礼物。闲时，偶尔回顾一下，满满的都是孩子们的爱。

这样的客厅规划能够培养孩子整理的习惯，让他们清楚地知道自己的文具以及体育用品的位置，大大减少因为找不到东西而产生的情绪消耗。同时，全家人通过整理收纳，关系也变得更亲密。

靠近阳台的储物柜因为柜门正对着的位置是茶桌，所以这个柜体的储物更多是匹配茶桌的功能，里面有将茶桌作为喝茶区时我们需要的茶器、水、茶叶等，有将茶桌作为孩子们互动玩耍区时需要的桌游或者弟弟画画的工具，还有将茶桌作为我的工作区域时我的教具存储器以及各种电子产品的充电器等。

禅榻的边柜和餐边柜是一个套系的，它原本是一个高柜餐边柜，但我把它上下分开，原本上层的敞开柜做了餐边柜，下层的柜体放在客厅，整体落差更有层次感。

拆分后放于餐厅的上层敞开柜

置于客厅的下层柜体

紫光檀的同心圆餐桌是我的挚爱，朋友说："你怎么不用桌布或者玻璃保护一下桌面呀？"我犹豫过，但想着：为什么要把它最美的样子遮起来呢？我选择它是因为我想使用它，希望它来陪伴我们的生活，而不是收藏它。所以我会用另一种方式去保护它。我会和孩子们讲制作紫光檀的大树要生长几百年甚至上千年才能成材，它经历了那么多年的风吹雨打，经过匠人的打磨，才到了我们家，陪伴我们生活，我们要善待它。因此孩子们知道不小心把水滴在上面时要尽快擦掉，我也会定期给桌面涂木蜡油，看着木蜡油慢慢地渗透进去，桌面变得温润起来，我觉得它依然是有生命的。

紫光檀材质的同心圆餐桌

（三）厨房：一日三餐，汲取爱和能量

厨房的定制花了我很多时间和预算，因为这是每天给予家人身体能量的地方，也是使用频率最高的地方，值得多些投入。

我选用了下拉式调味品拉篮，隐藏在吊柜下方，收纳常用的调味品，前半部分收纳不常用的调味品。这样台面清清爽爽，很好清洁。

台面做了高低处理，水槽和洗碗机的高度做到了 920 mm，做家务时能轻松一些。对于地柜，我尽量地多做抽屉，既为了保证质感效果，又为了兼容收纳，我还单独采购了心仪家具品牌的抽屉，其他橱柜用定制解决。这样橱柜面板可以选到风格统一的胡桃木面板，台面的后挡水条也可以做到以弧面衔接。

厨房用品收纳展示

　　我在水槽右下方设置了一个敞开柜，由于受承重柱的影响，拉篮无法全拉开，但不影响使用。这里就放置不需要放到冰箱的葱、蒜、姜、洋葱、红薯等，我还特地叮嘱橱柜设计师取消底板，这样扫地机可以自由进出。

　　水槽侧边的墙面做了洞洞板，把所有常用的厨房工具都挂在这面墙上，方便拿取，而且很隐蔽。这个角落从外面看不到，走近才发现这里其实别有洞天。

敞开柜内存放一些不易变质的食材，可以节省冰箱空间

别有洞天的厨房一角

（四）茶水间：中心线上的布局，享受放慢时间的惬意

走廊看似没有任何功能，在家装中往往为人们所忽略和诟病。实际上，走廊是使用频率最高的空间，因为我们每天都穿梭其间，往返于各个空间，处于动线最集中的位置，也是空间规划中的黄金交汇处。我家的走廊长达 7 m，容量丰富，包含茶水区、囤货区、家务区、衣橱区。其中我最喜欢的是茶水区。

我们敲掉了弟弟房间的北墙，做了背对背的两个橱柜，面向房间的做成了衣柜，面向过道的设置成了茶水区。与茶桌不同，这个茶水区只摆放饮水机以及咖啡机。相较于北阳台的餐边柜，此处设置的茶水区在动线设计方面要合理得多——居于整套房子的中心线上，不管是餐厅、客厅还是各个房间，想要饮水的时候，都只需走几步路即可到达。

左边吊柜主要放置收藏的各式杯子、手冲工具等，不将它们堆叠在台面上，而是放在抬手可得的黄金高度区，拿取方便。右边柜放置使用频率略低的英式茶具、保温杯等，同时也安装了便于拿取的下拉式拉篮。我选择这种结构的拉篮，是因为它可以把空间分成三份，让空间利用率更高。

位于中心线的茶水区

47

茶水区里收藏的各类茶水容器

台面下的杂物收纳

台面下方有两个抽屉。左边抽屉放置与生活相关的养生保健品、牙签、牙线、吸管、润喉糖等。右边抽屉是"家庭药品库"。由于家庭常备药物繁杂，我选择用分隔收纳篮来辅助收纳，可以很好地将各类药物做好分类，避免重复购买药品，也方便定期筛查过期药品。

茶水区摆放的这幅画作是弟弟的作品，我很喜欢它的配色，明亮又温暖，是家里安静又美好的诗和远方。旁边配了一盏橡木的灯塔台灯，夜里常亮，给晚归的家人留一束温暖，也方便孩子们起夜。

（五）儿童房：重视收纳需求，守护珍贵的童心

儿童房是孩子的独立空间，除了衣物，还有书籍、玩具等物品。孩子对收纳空间的需要完全不次于大人。考虑到这一点，我们重新规划了两个儿童房的空间。

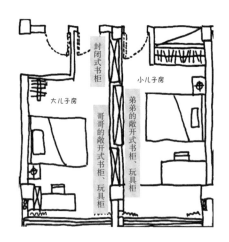

哥哥和弟弟的房屋规划图

原来的墙体厚度为 250 mm，拆除后砌了厚 120 mm 的凹凸薄墙，保证两个房间都能拥有敞开式柜体，满足兄弟俩各自的需求，让每个人都有收藏自己"宝贝"的地方。同时放置了封闭式家庭书柜，一组放孩子们的低频书，一组放成人的低频书，闲暇时共享阅读时光。这样的处理方式为房间的通道多留出 130 mm 的宽度，避免空间太局促。

放置兄弟俩心爱之物的敞开柜

他们房间的常用柜体都是全敞开式，相比于担心敞开式橱柜落灰，我觉得能够培养他们整理归位的习惯更为重要。敞开式橱柜一目了然，想看的书顺手就能拿到，想玩的玩具甚至可以站在柜子旁在层板上玩儿。弟弟自幼迷恋汽车，柜子里展示着他最心爱的小汽车，他会根据自己的想法去陈列摆放，有时按照颜色，有时按照品牌，还有时按照发动机缸数。他说这是他的汽车基地。当然，汽车基地少不了"汽修厂"，时常有一些拆解了的汽车停在"汽修厂"等待检修。

由于弟弟超级迷恋汽车，自然是难以自制地想要买更多，但过多的物品会增加他整理复位的工作量，同时对于敞开式空间来说，物品过于密集也呈现不出美感，所以我们"用空间来控制物品的量，用物品的量来控制孩子的欲望"。在汽车都展示出来后，弟弟就知道了他已拥有多少辆，若他还想购买，就要考虑让哪辆汽车腾出空位以容纳"新成员"。其实弟弟对每一辆玩具汽车都有着很深厚的感情，他不愿意舍弃，自然也就能够控制购买欲。

对于孩子来说，空间提供了边界；对于家长来说，首先是"引导"，其次是"自控"。"引导"是指帮助孩子明确空间的边界在哪里，哪里是他的个人空间，哪里是公共空

辅导弟弟阅读

哥哥在阅读

间，他的责任是什么。"自控"是指，作为父母，我们尽量不以爱的名义越界，给孩子更多的自主权，尊重他们。

哥哥会隔三岔五地自己做整理，他很喜欢整理的过程。只是节奏和时间以及最终想要呈现的效果需要他自己把握，我只提供帮助，不提任何要求。

（六）主卧：探索多重功能，触达内心的宁静

对于主卧区域，我前两年更注重其单一的睡眠功能，但近两年，随着自己对空间构想的改变，我在主卧增加了其他的功能区。如在阳台增加了书柜和小沙发，配上氛围灯、孩子们的画以及绿植，形成一个相对独立和私密的角落。我家先生有时候会在午后的阳光下睡会儿；孩子们有时候会在这个区域看看书；最要好的闺蜜来了，也会在这里和我聊天交心。所以这是一处相对静心的角落。偶尔长辈们来了，在房间里静会儿心也不会被打扰。

大人和孩子共享悠闲时光

我们这套房子有两个衣帽间：一个在主卧，主要放置我和先生的当季衣物；另一个在客卧，作为我和先生的换季衣柜。两个衣帽间的设计都没有采用"凹"字形的设计，而是采用开门后"二"字形的设计，左右两边各有两格，中间是一面落地大镜子，拿取归位都非常方便。当季衣帽间中间的宽敞空间可以自如地换衣。

衣帽间呈现四门状态，中间两扇门是可以进出的，旁边两扇门的内部只有 11 cm 的深度，我们利用这里的空间打造了两个配饰收纳区。左边的空间设置为皮带区，虽然有床头柜挡着，门的开度只有 45°，但不影响拿取和归位。右边的空间则是我的宝贝饰品区，帽子、耳饰、戒指、项链都陈列在这里，有时候睡前打开柜门，理一理这些心爱之物，心中的欢喜便不觉多一些，可以扫清一天的疲惫。

饰品收纳区

衣帽间一角

井井有条的饰品

而客卧衣帽间的中部空间居然意外地成为兄弟俩的"秘密基地"，他们喜欢在地面铺上垫子，放一盏充电灯，摆个蓝牙小音响，窝在里面看书，甚至在里面睡觉，这是兄弟俩难得的亲密时光。小而独立的空间能够给孩子足够的安全感，等到这个衣帽间容纳不下他们的身躯后，这里便会是他们童年里温暖的回忆。

让空间变得有温度

刚入住的几年里，我们的家因为规划合理、收纳到位，一切都井然有序，不需要花太多时间在整理这件事情上，就能够让家保持清爽整洁的样子。随着生活品质的提升，我有了更高的追求，仅仅有序的家会有些寡淡，我想要空间变得有温度。我想可能是因为有序的家让我有了更多的时间放松下来，打开了我的感官，去发现和创造生活的美。

植物、光、色彩、音乐会让空间有流淌的生命力。

（一）让光洒进心里

光可以赋予空间生命力，带给人感动，不管是自然光，还是氛围光。这套房子的照明系统由独立的灯光设计师设计，即便找他介入时木工已经完工，只在点位上做了微调，在灯光的显色性、色温以及亮度上进行调整。但当灯光第一次在家中亮起时，呈现出的效果仍让我十分欣喜。随着自己对空间软装的不断探索，家的生活质感也在不断提升，我又逐渐增加了一些氛围灯，让空间温暖起来。

当自然光足够多时，我会减少打开家里的氛围灯，尽情感受大自然给予我的光亮与温暖。在氛围灯具的选择上，我通常采用发散光源的灯饰，这样灯光会较为柔和，不会照得那么直接让人感到刺眼。灯光会让温度流淌起来。尤其是在独处的时候，温暖的灯光有很强的治愈作用。

每天清晨，餐厅西北角有一处"光的奇迹"，那是
东升的太阳照到了后面一栋楼的窗户上，而反射到
我家墙壁的一片光。它带给我们一天的好心情，我想，
这可能是太阳的恩宠

冬日里的斜阳照在窗边的绿植上所形成的光影

造型简单的复古落地灯照亮客厅的植物角

床头的充电海盐灯，可以通过触摸调整亮度。
暖光透过茶色玻璃里的粉色海盐，让心沉静
下来

柔和的木星灯散发着治愈身心的暖意

伴我工作的花苞灯

晚间自动亮起的氛围灯连接了智能定时插座，下午 5 点自动亮起，晚上 10 点熄灭

（二）让植物赋予空间生命力

从前我是"植物杀手"，植物在我的世界里是"DIE"和"BUY"的循环。

现在，我对养植物也有了敬畏心，悉心照料，三天两头察看它们的生长状态，有时会因为其爆了新芽而生出一天的小确幸，有时遇到浇水不当或者生虫就会满心惆怅，赶紧请教店主"紧急救援"，多数还能起死回生。经历过生死，这些植物就有了故事。所以即便在某个角落稀稀落落，来呈现完美的视觉感，也不妨碍我对它们的喜爱，倒是更敬畏生命了，它们都在这么认真地生长，我们也要努力过好每一天。

冬天的时候，我会把家里所有的植物集中在阳台区域，保证光照，也保持湿度和通风，让它们在冬天也能肆意生长。而阳台上大面积的植物，就像冬季里的热带雨林，在树下喝茶、看书、码字，甚是温暖。

（三）让装饰画增添家庭亲密感

我家的装饰画大多是孩子们的作品。弟弟床头挂的还是他在幼儿园小班时期的手工剪贴画，很稚嫩，但两幅画颜色搭配合适，挂在家中令人赏心悦目。时不时地换一换作品，既增加了空间的新鲜感，也增强了孩子们对画画的兴趣。每次回家，看到的不是冷冰冰的工业作品，而是家人一笔笔画上去的"艺术品"，无形中增加了彼此的爱意。

除了挂画，也会有一些无意邂逅的小缘分。比如这个木雕老花片，是我某一次出差时在一个老家具修理厂捡回来的。老师傅说："姑娘，我给你上个漆寄回去吧。"我赶忙说："不用不用！谢谢您！我就喜欢这斑驳的岁月感！"

《孔雀》为弟弟的画作，旁边的《鲨鱼》是哥哥的油画作品，我喜欢它逆流而上的样子

哥哥的动漫作品

积淀着岁月感的老家具

（四）让音乐萦绕于平凡生活

这套房子的空间设计里，我想音乐是必不可少的，但我没有选择预埋式的背景音乐或专业组合音响，一方面出于预算的考虑，另一方面我希望这套系统能够灵活且更多地满足家里更多成员的需求，所以最终选择了一套 Wi-Fi 音箱：客厅放置三个，形成立体环绕效果；每个卧室放置一个，孩子们习惯晚上睡前听讲书音频，还可以各自选择喜欢的内容。既可以全屋做环绕背景音乐，又可以各自独立、各听所需。

静下心来，播放一曲喜欢的音乐

结语

我们每个人在建立家庭的时候，都对家和未来的生活充满向往，但多数家庭因为空间规划不合理、储物不合理，想要保持家的有序状态就需要每天花很多的时间，夫妻之间可能还会因为做家务发生口角，原来梦想的多彩生活逐渐变成灰色。

其实房子无关乎大小，哪怕是租的房子，也可以把日子过成彩色的。空间规划、物品有序是基础建设。只要做好了基础建设，我们就会有更多的时间去享受生活，去提升生活品质。心情愉悦了，亲密关系融洽了，家里流淌的便都是温润的正能量。

生命很短，时间很快，每一天都不应浪费。想要更好的，那就现在开始动手吧！

第三篇

日式原木风的梦想小屋

3

苗飒 / 台州市 / 148 m²

我的家，还是与爱人老程谈恋爱时买的，是我
们爱情长跑的最佳见证。而与爱人一起设计打造家
的一点一滴，也是我们慢慢把梦想搬进现实的美妙
过程，我们的梦想小屋由我们亲手建造。

住宅信息

整理师：苗飒
城市：浙江省台州市
使用面积：148 m²

基本户型：4 室 2 厅 2 卫
装修工期：1 年
装修竣工年份：2020 年

这是一个原木风的家，柔和的乳白色搭配大块温润的白橡木色，像是生长在城市里的梦，日升日落，铺下一片静暖。细腻的木质触感为家增添了一个维度的质感，也让家更有温度。

梳理独属于我们的二人世界

记得刚买完房子的那个晚上，老程激动得连夜罗列了一个需求表格。

那会儿我还没有学习整理收纳，确切地说，是买房给了我学习收纳的动力和契机。

与绝大多数职业整理收纳师不同，很多人从事整理行业是因为喜欢且擅长整理；相反地，我曾经是一个家里沙发乱到只要屁股还能坐下，就想不到去整理的人。能将就则将就，是我成为整理收纳师之前的真实写照。

购买新房不仅是我与老程爱情的一个里程碑，也让我开始认真审视自己的生活：我是否可以做一些改变？老房子将就着住就算了，新家的生活方式如果还和从前一样，岂不是辜负了理想中的"家"？

于是我想在装修之前，先去学习一下收纳，这样可以减少未来做家务的劳动量。

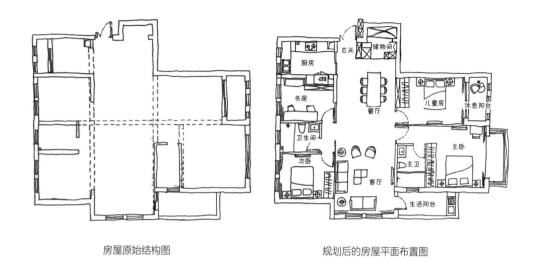

房屋原始结构图　　　　　　　　　　规划后的房屋平面布置图

家的规划：设计彼此的合力

世界上最美好的事，就是与爱人齐心合力，做一些能让家变得更幸福的事。

所以，后来关于这个家的一切，小到一颗螺钉，都是自己购买的。

在装修正式开始前，我带着老程又一次去了日式原木风家居馆，那里是我从前停留时间最长的空间。每次来了都不想走，总想着搬点什么回家，它们让人想要宅在家里，且多久也不会厌倦。

相比岩板、皮质沙发等奢华又现代的材质，木制家具、布艺沙发似乎让我们更有扑面而来的家的感觉。于是，我们在一颗螺钉都没有买的情况下，就快速地订好了全部家具。

先买家具，再开始装修，是非常明智的选择。不仅能让家里各种元素十分契合，也会节约许多成本。

因为我们在装修规划的时候，对于"心里想要什么"往往很模糊，对未来的生活也很少有概念。先选择沙发、茶几、餐桌、床等大件家具，等于提前把未来的物品和

我的原木风之家

对生活的需求整理好，后续做风格搭配与空间规划时，心里就有了一份蓝图，可避免装修后再买家具却发现和预期有差别的情况。

所以，当我实际选择瓷砖、地板、柜门、房门、窗帘这些元素时，少了很多纠结的情绪与时间，不再担心硬装风格与后续家具不搭配，而是让它们与家具搭起来和谐，就这么简单。

（一）空间的折叠：是玄关，又是储物间

房屋的初始户型没有任何可以借用作为玄关的转角。但我们都有对于安全感和出入物品取放的需求，玄关柜便成了必需品。这样每次出发或回家的时候、车钥匙、手包等物品都可以在玄关完成一次取用或归位。

于是，确定餐厅不需要很大面积后，我们借着入户左侧、餐厅里侧的空间，人为地打造了一个玄关。由几组"顶天立地"的柜子排列成类似字母"Z"的形状，这里是集合了玄关柜、储物间、水吧等多种功能的超级收纳空间。

其中，玄关柜包围着储物间，既满足了归家后的动线流畅性，也满足了家中未来约 10 年的储物需求。

暗藏玄机的玄关

由于入户大门外有足够的空间，我们定制了一组顶天立地的鞋柜，来收纳一年四季的鞋子。所以，入户玄关柜的收纳压力极大减轻，只需在下方空着的地方收纳室内用拖鞋。

此外，入户玄关柜正对的方向是厨房，因此玄关柜上方承担了厨房的部分储物功能，需要换备用品时，只需走几步即可迅速完成。

外置的鞋柜，把灰尘留在家门外

井井有条的储物空间

每天傍晚回来，一打开家门，设定好的智能灯光就能同步开启，一天的疲惫立马一扫而空

在玄关柜的侧面，我们设计了一个挂次净衣的地方，以及常用的包包收纳区

我将玄关柜后方储物间的门设计为隐形门，这样不仅视觉上不会有压抑感，也让家的氛围变得很和谐，有一种流动的自然感。如果不刻意介绍，许多来我家做客的朋友都不会发现这里居然是个"机关"，以为是木饰墙面而已。

从客厅沙发角度看向餐桌，通往储物间的门，视觉看来只有简单的木饰面背景墙，对空间整体感的影响极低

　　玄关柜长边的各个柜门都使用了 200 mm 厚的木板，为了防止时间久了板材变形，可以在内侧嵌入拉直器，做成"顶天立地"的效果。在增加美感的同时，也延长了其使用寿命。

　　玄关柜暗藏玄机，打开的时候带来一种惊喜感。左边打开是悬挂次净衣的空间，特别是冬季，一进家门就需要脱下厚重的大衣；右边打开是一组家政柜，全家的家务工具集中在这里，既不会占用洗手间等区域的空间，关上门也实现了"眼不见为净"；而中间一组对开门打开后，是进入储物间的入口，储物间以极大的"包容心"收纳了为生活备选的一切。

　　只需 4 m² 就会拥有一个隐形的"物品集散地"，哪怕出门买了许多东西，都能在进门几步内迅速完成归位和收纳，且在视觉上也让这个"借"出来的玄关极具美感，感受不到生活的厚重，所见之处都洋溢着温馨。

（二）空间的舒展：是餐厅，也是客厅的延伸

我和老程都很喜欢邀请朋友来家里玩儿，吃吃东西聊聊天，一起做许多事情。基本上来过的朋友第一反应都是我们家看着好大，第二个反应都是来了不想走了，待着好舒服。

步入餐厅，最为显眼的便是长达 2.4 m 的大长桌，厚重的质感令人看着倍感舒心。

这张桌子是我们定下来的第一件物品。这种充满自然气息的原木风，才是我们想要的家的感觉。

为什么选择这么大的餐桌？

对我们而言，餐厅不仅仅是吃饭的地方，更是谈情叙旧的地方，是好友相聚谈心的地方。每次坐在这里，都感觉与亲朋好友的距离更近了，时光变得更慢了，入住以来，它见证了无数温暖且闪着光的回忆。

一抹清新的蓝色恰到好处地融入空间

餐桌上的故事

其中非常亮眼的设计便是带有蓝色编织元素的不规则大长凳。一开始老程看中它时，我还下意识觉得它有些突兀。在全屋以白色、原木色为主色调的空间中，放置蓝色家具会不会太跳跃了？

经过思考，发现有时候设计与美感需要我们接纳主观直觉，也需要再缓一缓，给自己客观审美的空间。卞栎淳老师在《好好装修，不将就》这本书中分享过，家里的配色可以从世界名画里找灵感，使用"70255"原则，70% 的背景色 +25% 主控色 +5% 点缀色，而在餐厅，蓝色刚好是点缀色。

在颜色搭配时，除了需要确保比例合理，也要保证颜色的对称和平衡。蓝色的椅子需要同色系的点缀，来让它更好地融入这个空间。

我想到了《戴珍珠耳环的少女》这幅画，刚好和我家的配色很相似。于是，自己学着画了一幅放在餐边柜，戴珍珠耳环少女的蓝头巾和蓝色编织大长凳，刚好相互呼应，整个餐厅空间便显得有了生气和温度。

如果没有这抹清新而纯净的蓝色，餐厅美则美矣，却减少了记忆点。点缀色则一下子让人过目不忘，在脑海中刻下深深的印象。

日常起居之处尽量保持简洁，让人放松；所需物品就近收纳，用时即可得。这样的空间，居住起来更自在。

被厚实的大自然感包围

（三）空间的极简：客厅，我们的家庭影院

客厅，也是我们的家庭影院。它的设计很简单，由于餐厅承担了亲友聚会、日常起居的"任务"，我们希望客厅可以是个摒除功能、让人放下疲惫、没有多余装饰、只需纯粹放松的地方。因此，沙发、茶几、电视机、收纳柜，便是客厅的全部了。

窝在客厅惬意地晒太阳

家人都很喜欢看电影，更喜欢窝在家里看电影。在做电视墙的空间规划时，考虑到电视机的墙面比较大，如果选择普通尺寸的电视机，会显得不均衡，影响整体的美感；如果制作电视背景墙或护墙板，视觉上会显得繁杂，不符合客厅极简的定位。所以，我们选择了100英寸的激光电视机，足不出户就可以享受银幕般的观影体验。

客厅全景

为了增加客厅的舒适感，我们在装修时安排了全屋智能设备。想看电影了，往沙发上一躺，发出指令，窗帘就会缓缓关闭，灯光也会自动切换成观影模式。地毯选择了2 m×3 m的土耳其进口纯羊毛地毯，可坐可踩，让我们在这个空间能够任意舒展身体，尽情放松。

电视机柜是特别定制的，我们将激光电视机的主机藏在了下方的柜子里。遥控器一按电视机开机键，放着主机的电视机柜就会缓缓向外推开，方便控制；平时不用的时候，便隐藏起来，节约空间。

电视机选好以后，家具的选择也与电视机相呼应，都是长方形的大几何元素。考虑到颜色的均衡，选择与窗帘、地板同一个色系的沙发坐垫，制造温暖感。考虑到家庭影院的设定，我们没有为客厅安装主灯，而是使用分散在四处的射灯，增强观影体验。

简单的颜色、宽大的银幕、轻柔的灯光，留存必要的元素，减少非必要的元素，这是客厅让人有沉浸式放松感的主要秘诀。

我的家庭影院

播放一部电影，窝在沙发上，放松时尽享视觉体验

（四）生活阳台：将阳光洒给生活另一面

电视机背景墙的左右各有一扇门，一扇通往主卧，一扇通往生活阳台。通往生活阳台的门安装了长虹玻璃，光可以透进来，却又看不清阳台上晾晒的衣物，黑色的门可与关闭的电视机相呼应，避免电视机成为墙上的一个乍眼黑洞。

生活阳台是充满阳光的区域，让生活的细碎边角也能闪闪发光。洗衣机、烘干机、小花小草都让阳台充满生机。阳光可以让人们在活动时充满活力。因此，我把许多家务都安排在这里，做家务也成为一种美好的享受。

关上门，家务就统统不在眼前

长虹玻璃既透露着光影感，也与电视机的黑色相呼应

（五）客房：既是客房，也是撸猫小天地

客房外面有个小阳台，小阳台上有一些外露的水管。装修时，师傅问要不要把它们包起来。在外人看来，这是既占空间又丑陋的设计，但在我的眼里，水管搭配上成品猫爬架，也是一种特色，让猫咪小六也拥有自己的小天地。

小阳台的一侧是猫爬架，另一边我还给猫咪配备了一张躺椅，可以在这儿晒晒太阳思考"猫生"。还有一个"人猫两用"的凳子，我可以坐在这儿撸猫，小六也可以钻进窝里。

我们把客房的一面墙刷成了牛油果色，窗帘也是一抹绿色，阳光打进来，充满了生机。阳光，也是这个房间的主题，猫咪喜欢向阳的位置，可以安稳熟睡。

客房门藏在餐边柜旁，原木色的客房门与餐厅融为一体。平日里客房是小猫的家

人猫两用的凳子

水管与猫爬架

晒太阳的小六

（六）书房：是同桌的你，也是共度一生的你

我和老程对书房的要求很简单：书架要大，藏书量要多，两个人还可以一起在书房办公、看书、写字。

于是，我们在书房里也做了一组顶天立地的书柜，来容纳我们的 400 多本书。

书架旁边有个深凹的空间，显得格外突出，这是因为书架的背面收纳了厨房里的冰箱、蒸箱、烤箱。我们希望厨房里的冰箱、烤箱都做成嵌入式，和墙面的瓷砖齐平，减少厨房带来的压抑感。因此，书房就牺牲了 70 cm 的宽度。

这个规划还为我们带来了意外的惊喜。

顶天立地式书柜满足我们的藏书需求

隐秘而舒适的书房空间

由于改动墙体，使得窗户边形成了一处凹进去的小空间，反而成了一个放松身心的小角落。我们将简易置物架放在这里，可以存放香薰精油，将书房的氛围感拉满。在疲惫的时候走到这里，眼睛远眺着风景，鼻尖嗅着幽幽的芳香，身体感受着阳光的流溢，双耳倾听着自然的呼吸，放下所有的劳累，放大所有感官的体验，哪怕只待了一分钟，也能感受到自己的力量在慢慢积蓄。

书架的对面是长达 2.4 m 的宽桌，两个人可以一起在书房办公，专注于手边的事务，既相互陪伴，又互不打扰。

（七）卫生间：隐秘的清洁世界

从书房走出，便可到达卫生间。它同时靠近客厅与书房，无论是小聚看电视，还是辛勤工作，去卫生间的动线都大幅缩短了。

整个家的基调是简洁风，卫生间又是明卫，搭配窗户，只需保留基本功能，便可带来放松的感受。因此，色调以灰、白色为主。灰色瓷砖搭配白色浴室柜、白色淋浴屏，清爽简单。

如果卫生间的门和主卧或者客厅的门直通正对，不仅不雅观，也会让从公共空间去卫生间的人感受到压力。去卫生间本就是件私密的事，因此，需要一些设计做好遮挡。

倘若砌砖做成墙面，便太过死板，此外也不利于室内的通风，于是设计了镂空设计的隔断屏风，既增加了空间的灵动感和层次感，同时也做了适当的遮挡，使居住感受进一步提升。

便捷的动线

当憧憬中的厨房成为现实

（八）厨房：爱你就为你做饭

就如一开始罗列的，我们最在意的空间是客厅，所以对厨房的使用要求相对比较简单：第一，动线要合理，从冰箱拿菜、洗菜、备菜、烧菜、出锅，整条流水线要顺畅；第二，要好打理、易清洗。

厨房朝北，不像生活阳台那样拥有充足的光照，好在采光、通风都不错。原来这边也有个小阳台，我们将其包了进来，这样洗菜时，顺便看看窗外的风景，心情也好。

罗列好我们对厨房的憧憬后，便有了现在厨房的样子。厨房同样采用原木色系的柜门，和整个家的原木风保持一致。

厨房里装设灯带，会提升氛围感和幸福感。暖暖的灯光打在碗具上，很有光泽感

（九）主卧：装载最深沉的梦境

主卧有个非常大的飘窗，纱帘会随着微风摆动，很美很灵动。搭配智能窗帘，这样早上醒来不用起床，就可以看着窗帘缓缓打开，阳光洒进来，特别惬意。

主卧的床以舒适为主，我们选择了轻薄的床垫与被子，让睡眠成为每个夜晚的一种美好期待。主卧的卫生间也是明卫，窗户直通生活阳台。我俩开玩笑说，洗澡换下的衣服不用拿出去，可以直接从窗口扔到阳台的脏衣篓里。这种"穿墙式动线"让我们像两个找到糖的小孩子，每次丢衣服时都有一种莫名的欢欣感。

主卧的阳光

结语

　　朋友说 148 m² 的房子不弄个衣帽间可惜了。大家在得知餐桌旁的木饰面可以打开时，都觉得这里该是个衣帽间。

　　由于我俩衣服都没有那么多，衣帽间对我们来说并没有那么重要。随着越住越久，家里会逐渐堆积起各种物品，到时如何找地方来安置它们？所以比起衣帽间，我们更在意各类物品的收纳。

　　空荡的多功能房、宽大的电视机、厚重的餐桌、独属于猫的空间……我们的家有许多"任性"之处，可这份"任性"是我们最爱的、最想要的、最享受的。

　　生活是自己的，房子也是给自己住的，适合自己的才是最好的。

家，装得下美学情怀，也放得下生活琐碎

第四篇

重装饰轻装修，
小户型实现大理想

雅文 / 贵阳市 / 69 m²

　　很久以来，家对我来说，只是一个地址。当别人问起我家在哪里的时候，我会简单地告诉他们一个门牌号。其实，我一直不曾理解家的含义，只有一个模糊地想要打造自己家的梦想。

　　直到我成为一个整理师，在帮助许多家庭改善混乱状态之后，我才真正明白到底什么是我理想中的家。家是一个充盈着幸福感的地方，它不为取悦别人，只为居住的人服务。当我们踏进理想之家时，能感受到它带给我们的舒适和安全，也能感受到扑面而来的畅快和放松。

住宅信息	整理师：雅文	基本户型：两室一厅
	城市：贵州省贵阳市	装修工期：2 个月
	使用面积：69 m^2	装修竣工年份：2021 年

简约装修，小家也能充满幸福感

由于需要长辈来照顾孩子，我购买了一间在母亲小区附近的二手房。虽然房子只有两室一厅，但我仍然想让它的功能齐全，且不失简约和舒适，希望它能成为我忙碌一天后放松的场所。

为了缩短装修时间，我选择了成品家具，仅用 1 个半月的时间就完成了房子的装修。简单的装修也让我可以在后期不断追寻自己的喜好，通过软装进行"丰满"，让我的小家充满新鲜和惊喜。

在装修的过程中，我没有改动原本的布局结构，"重装饰，轻装修"成为本次装修的主要理念。为了让家里看上去更通透，我选择了明亮且自然的颜色作为主色调。白色是我最喜欢的颜色，置身其中，让人倍感放松和舒适。

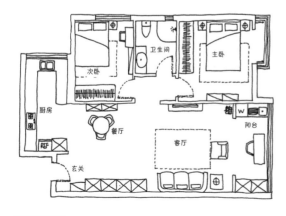

平面布置图

按照初始布局，整个房间进门后是一个长方形的大空间。原来的户主在厨房安装了滑轨门，以此为界限分割成两个空间，外面是餐厅，里面是厨房。但我对家的憧憬是一进门的通透与宽阔，所以拆除了厨房门和阳台门，没有任何遮挡，让房屋的纵深更深，视觉上被拉长，衬得空间更加宽敞明亮。

在大通间的设计中，我采用了一些小细节来区分四个功能区，即玄关、餐厅、客厅、阳台，同时也注重统一和协调。在空间的设计上，强调简单和清晰的线条。由于面积不大，我便充分地利用空间，选择一些多功能、小巧又实用的家具，节约空间的同时，让整个空间变得更加舒适、便捷和实用。

白色的大面积运用让空间看上去更加通透，消除边界和隔阂

（一）玄关——恋恋不舍的驻足之地

玄关横向的宽度只有 1.3 m，针对这个限制，我选择了一款成品装柜，以满足玄关和客厅的双重储物需求。通过合理安排布局，这款柜子可以与客厅连通，在整体的美观性、便捷性等方面达到了平衡。

柜子分为四组，每组为 80 cm，共 3.2 m。第一组是矮柜，高度为 1.2 m，放置在进门处，容纳日常穿的鞋子，这里也是进门后的第一视觉空间及小装饰品展示区域。设计时考虑到变电箱的存在、检查空间的便利和空间利用的效果，因此选择了矮柜的设计。

剩下三组是高柜，高度为 2.3 m，正好与上方的悬梁吊顶平齐，三组共同延伸到餐厅区域尽头，兼具储鞋、储包、收纳玩具和书籍的功能。高柜还起到区域划分的作用，它的尽头正好与餐厅正对的墙面齐平，使得客厅空间与餐厅区域形成视觉上的隔离，让空间既有划分又相互融合。

在玄关处设置一整面墙的柜体，既能提供功能性的收纳空间，又能增添美观和整洁感

四组柜子可容纳鞋子、包包、书籍、玩具及杂物

在购置柜子时，我更看重柜内的储物空间规划，以此来提高空间的利用率。按照物品的使用频率，大致分为以下三个区域。

1. 鞋子和小件物品的收纳

在玄关柜子的侧边预留空位，可根据实际使用需求增减层板。由于我的鞋子种类较多，每双都难以割舍，于是就选择增加层板，根据自己鞋子的高度和尺寸最大化地利用空间，从原来只能放下16双鞋到增加层板后能放下48双鞋，扩容了三倍之多。柜子原本是书柜，缺少抽屉空间来收纳小件物品，于是我选择利用托盘这个收纳工具，把出门和进门要用到的物品都收纳到这里，非常实用。

选择合适的收纳工具，用来存放钥匙、零钱、手机等常用小物品，为玄关区域增添一些个性和美感

将收纳盒粘贴在矮柜的侧面，正好可以收纳鞋套、烘鞋器、消毒酒精和一次性手套，这样进门就能直接拿到，既不用开关柜门，又不会占用柜体内部空间。次卧中，我还购置了次净鞋架，穿过一次的鞋放在这里，等消毒擦净以后再放入鞋柜。

2. 儿童玩具的收纳

女儿已经上小学了，基本没有太多大件的玩具，她最喜欢的就是手工类玩具，还有一些手办和手账。我在规划之初就想把这些物品与学习区的文具和教科书分开放置，以免影响学习。所以，在玄关联排柜内，我专门分出半个柜体作为这些手工类玩具和手账、手办的收纳区，再利用布艺分类筐分开收纳这三种物品，并在上面贴上标签标注清楚。现在，基本所有玩具的收纳工作都由女儿自己来完成。有时，她还会主动向我提出，自己需要什么样的抽屉

柜内收纳着孩子的各类玩具，承载着童年的快乐回忆

用于收纳做手账的工具，如火漆印章、手账贴纸、手账卷纸等。

3. 书籍的收纳

　　书柜是我和女儿共用的。上半部分按照阅读频率放置我的书籍，最上方的一层为一些不常用的工具书，仅偶尔查阅，第二层为生活散文类书籍，第三层为收纳类和近期在阅读的书籍，下半部分给女儿预留了一层半收纳课外书的空间。另外，最下方用收纳箱收纳了一些教具、学习资料和未用过的笔记本，最上方的柜顶也用收纳箱收纳了我的成长记录和小相册。

　　值得一提的是书柜的摆放位置。由于我习惯在餐厅看书，所以把书柜放置在餐厅和客厅之间的区域，这样在客餐厅区域我都可以阅读，对于热爱阅读的我来说，真是一件太幸福的事了。

　　玄关柜的台面上摆放着五只很特别的招财猫，这是我从事整理师行业后第一单全屋整理的客户送给我的礼物。他们是一对刚结婚的年轻夫妇，招财猫是他们结婚时馈赠好友的伴手礼，美满和快乐就这样从一对年轻夫妇的家传递到我家。每次进门看到它们的时候，我的内心就充满了成就感。

传递美满与快乐的招财猫，是我职业生涯的重要见证

打开柜门，每类物品都有着自己的位置，拿取归位一目了然

（二）客厅——容纳更多生活的可能

在设计客厅的时候，我先梳理了自己的喜好。我是一个极其喜欢看电影的人，尤其是休息日，喜欢一边看电影一边喝红酒。所以，客厅里一定要有一个大大的投影幕布。虽然一面是投影幕布、一面是沙发的设计确实有些"非主流"，但足以满足我看电影的需求。其次，我喜欢在家里健身，女儿也需要有个地方练习舞蹈，所以需要在小巧的空间里规划出一个运动区域。思考过后，我决定将健身空间纳入客厅中，取消茶几，铺上随时可以更换的地毯。

休息的时候我经常坐在沙发上看电影

我的黑胶机与黑胶碟片

我的另一个喜好是听音乐，所以购入了一台黑胶唱片机。与此同时，新的问题出现了——黑胶唱片要如何收纳呢？对于心爱的东西，我从不喜欢另寻地方收藏，我喜欢将它放在我的眼前，这样眼前之物皆是自己的所爱之物，这才是我对家的期待，这也是我想回家的一个理由。白墙的好处之一就是可以随意创造，后来我将黑胶碟片摆放在墙上展示架中，这样还可以让它变成一个墙面装饰物。

靠墙的位置，我新增了一些装饰画。这里我没有选择让装饰画上墙，因为装饰画随时都要变化，上墙会显得太死板，靠在墙上就好，正好也能把中间的插线板遮挡住，让整个空间更加温馨、有趣。

留白的这面墙是未来的一面书墙。几年以后，随着女儿长大，我们会把沙发挪动位置，将这面白墙变成我们共同阅读的地方，现在可以让它先暂时留白，给生活留一些创意的空间。

沙发的旁边放着藤编的黑色斗柜，正好可以收纳客厅中最多的数据产品，斗柜颜色和整个房间的色调相呼应——黑白棕，显得十分和谐。在上面放一些喜欢的装饰品，又成为一个随时可以变换的空间；旁边依然是一块可变的空间，暂时放了一个好看的楼梯。过段时间准备养一些绿植，在这里打造一个自己一直想打造的"家庭植物角"。

用装饰画遮挡插线板

除此之外，客厅里还新增了一些小摆件和装饰品，如花瓶、香薰、小台灯等，用这些小元素打造出一个舒适、有品质的空间。

沙发旁的黑白棕角落，家里未来的植物角

说明书与文件的收纳

　　家里的说明书不是常用物品，所以我将一些文件和说明书收纳到打印机下方的电视柜内，并用文件盒和密封袋分类收纳，这是一个收纳使用频率不高文件的好空间。还有一部分证件可以用专门的证件收纳袋集中收纳，重要的证件、证书也同样竖式收纳在这里，这样就释放了书柜储物的压力。同时我在这里还收纳了电脑包和文件包，方便拿取文件时装袋即走。

说明书与文件收纳在电视柜内

留言墙是我和女儿的重要沟通角落

　　从客厅可见过道走廊有一面白墙。从客厅看过去总感觉少了什么，我希望能给我和女儿预留一个可以通过留言对话的地方，于是我开始改造这面墙。买来磁吸的彩色画板，在这面墙上拼出一个尖尖的房顶形状。颜色选择了橘棕色，与家里的沙发相呼应。橘色给人一种活泼感，一下子提亮了整个过道，也成为家中一道美丽的风景。有时，女儿会将学习的语文生字词贴在上面，随时提醒自己学习，我也会将重要的事情写在上面，提醒自己不要忘记。这面墙成为我和女儿最喜欢的区域。

（三）餐厅——满足多功能的兼容空间

餐厅是这个家重要的活动区域之一。

为了不挡过道，我购入了一个 80 cm 的圆桌，并将空间视为一个环岛，这样既提升了视觉效果，又承担了更多功能和用途。搭配的椅子和餐边柜都选用了木质纹理，可以点缀空间大面积的空白。

餐边柜设置为 90 cm 的高度，是最适合我轻松拿到杯子和碗碟的高度。我在上面放置了一台胶囊咖啡机，这样一来餐边柜可以承担起水吧的作用。在深蓝色和乳白色交织的小小置物架上，上面两层摆放着我喜欢的香薰和蜡烛，我一直相信气味能唤起对家的记忆，而熟悉的味道则令我感到安心。下面一层是音响，需要放松的时候，我会放一首轻音乐，端起一杯咖啡，慢慢品味。

在餐厅主要是进行一日三餐，看书，喝点咖啡，煮点茶，吃点零食。所以按照使用需求，餐边柜隐藏区从左到右分别放置了不常用的咖啡杯、客人用的一次性纸杯、我和女儿的保温杯，最下方是我刚买的围炉煮茶的茶具。中间区域收纳药品和保健品以及零食、牛奶等囤货，两个抽屉主要收纳一些备用药品。根据物品的数量和尺寸高度，我特别定制了两块层板，分别用于杯子的摆放和药品的收纳，这样就大大扩大了原本的空间。

餐厅不仅是享受美食的区域，还是我学习、工作和放松的场所

餐边柜　　　　　　　　　　　　　　　　餐边柜通过层板加法进行了扩容

　　最重要的是，为了让目之所及都是自己的心爱之物，我选择在餐厅墙面上布置杯子墙，把收藏的高脚杯、玻璃杯、咖啡杯按照使用频率由上到下摆放。杯子墙不仅实现了其功能性，还增加了餐厅的装饰价值，颜色不一的杯子为白色的墙面增添了点缀。这面墙让我兴奋了很久，生活中再多的烦恼都会在家里得到治愈。

杯子墙既美观实用，又有效利用了空间

（四）厨房——一个人也要好好做饭

原本的厨房只有 3 m 长、2 m 宽，面积大约为 6 m²。另外由于连接着一个小小的生活阳台，窗户透不进光，显得阴暗又狭小。加之烟道和下水道的两根柱子，更影响了厨房的布局和使用空间。

改造的第一步就是将生活阳台合并进厨房空间，重新做一面大窗户，为厨房注入更好的光线，并在窗户的通风处做水池。洗菜时，面对着开敞的视野，让光线最大化地照射进来。由于厨房的柱子与烟道，L 形的设计布局无法容纳足够的储物空间，锅具的摆放就很成问题。于是我另辟蹊径，改为 U 形设计，把原本在餐厅未能实现的岛台"搬入"了厨房，这样就多了六个大抽屉作为储物空间。色彩搭配上，我选择了白色和木色相搭配，特别有贴近自然的感觉。

由于厨房的总面积较小，为了最大化地利用储物空间，我做了一面大大的高柜，作为厨房及餐厅区域的扩容储物区域。上方用于储藏食品、礼盒茶叶和酒类等，下方因为靠近烹饪区，就近收纳常用工具、锅具等，并采用斜面收纳盒竖式收纳。

高柜也解决了食品、餐具和锅具的储存

改造后的 U 形厨房，光线充足，也满足了我的储物需求

91

烹饪区左边墙面用置物架收纳常用的调味料，不常用的调味料收纳在一体灶右边的地柜拉篮中，备货类的调味料则收纳在拉篮旁边的层板区，用直角收纳盒好拿好放、分类清晰。小家电区域主要用于煮饭、热菜、打豆浆及烘烤加工食物，所以台面放置了常用的电饭锅和小蒸锅。下方抽屉收纳了备菜常用的擀面杖、桌垫等工具及五谷杂粮，还有不常用的厨房小家电。

厨房的转角处，原本的设计方案是"一字形"，但是凭借做整理的经验，这种拉长的一字形设计对于转角空间来说十分不实用，需要钻进去才能拿到东西。

我本想通过安装转角拉篮来解决这个问题，但由于内部有下水和煤气管道，空间不够，只能作罢，最后改成大合页开合设计，大大的展开转角区域，能够做到完全没有遮挡，轻松拿到最深处的物品，可以用来收纳备用矿泉水、不常用的大型锅具等。

家里平时基本上是一个人居住，做饭频率不高，因此在装修时放弃了洗碗机。在购置物品时，应更关注自己的生活，除了梳理需求外，更重要的是判断当前的需求是否必要，以及我们的使用频率如何。

地柜抽屉储存备货的调味料等

大合页开合设计的转角区域，可以轻松拿到需要的物品

（五）主卧——私密的个人空间

由于主卧具备私密性，在这里我希望身心能得到最大程度的放松。所以，对于主卧墙面，我没有选择花花绿绿的颜色，甚至连床头都不愿意放置任何装饰品。主卧的家居布置，完全以自己的感受为准，这一点很重要。

在布局方面，我不想显得沉闷，所以也放弃了传统的对称元素，只留一个可移动的床头柜，这样既可以作为床头柜，又可以放在客厅当茶几。另外，床头吊灯也只安装在一边。小房间要懂得取舍，在有限空间里尽量满足必要需求。

在静静的夜晚，只开这一盏灯，仿佛看见天空中的一轮满月，让我的心能很快平静下来

主卧尽可能减少布置，在这里我需要尽情地放松

整个房间延续了白色、木色和咖色的底色，柜子也是成品柜。

在整理工作中经常给客户使用这款衣柜，自己使用的体验感也是不错的，通过合理规划整理收纳，至少可以满足5年内的储物需求。

柜子没有到顶，正好留30 cm的高度作为储物区，放置换季衣物和被子。下面分为两个90 cm的对开门柜体，左边柜体为长衣区及外套区，收纳当季的西装外套以及长外套。长衣区下方规划了三个大抽屉，第一层抽屉收纳家居服、不常穿的T恤衫、游泳衣，第二层抽屉收纳床上用品四件套和小被子，第三层抽屉收纳帽子。右边柜体收纳当季短衣，从左到右是吊带、短袖T恤、长袖T恤和衬衫，下方短衣区从左到右收纳长裤、短裤和短裙。

通过合理的规划，可以放下我的所有衣物

为了保持主卧的整洁有序，我认为次净衣功能一定要有，所以门后的区域就被规划为次净衣区。我在这里放置了挂钩，换完衣服后可以顺便挂在这里。

除了这里，我还将卧室的其他区域也规划为次净衣区，这样主卧放次净衣的地方就多了两处。衣柜的侧面安装了收纳衣架和可以兼顾挂烫功能的衣架，下面放置可移动脏衣篮，回家后脱下的衣服就可以丢在这里，洗的时候再移动到洗衣区，通过合理规划动线规范了良好的生活方式。我还专门设置了挂放外套、外衣裤的次净衣架。有了这些区域才感受到，对于一个爱美又担心家里由于次净衣数量太多而困扰的人来说，次净衣区域一定要多设置才够用，这样也可以将家居服和外套彻底分开，保证干净、卫生。

每个女孩都想拥有美美的化妆柜，但是在空间有限的情况下，怎么样把化妆区安排进这个小空间呢？我在靠墙处安放了化妆品收纳柜和小件物品收纳斗柜。高斗柜内放置日常的化妆品囤货、不常用的小电器和小件物品，还有我的饰品、太阳镜，旁边的三斗柜上方放常用的化妆品，可以画个淡妆快速出门。

　　敞开式阶梯亚克力收纳架，按照化妆顺序依次收纳了我的化妆品，旁边的收纳盒原本是用于桌面文具收纳的，把它用于收纳化妆刷、睫毛膏刚刚合适，这样化妆的时候方便拿取，也便于分类放置，再放上一幅装饰画、一个香薰，化妆区就有了美感。

　　三斗柜是用于内衣裤、运动服、打底衫、围巾、皮带等小件物品的收纳，一个80 cm 宽的斗柜基本上可以收纳下平常使用率较高的小件物品。

　　床正对的墙面挂了一块白色的钟表。因为不喜欢迟到，我家每个房间几乎都有时钟，卫生间、客厅、主卧、儿童房，每个房间一定要能看到时间，这样才有安全感。

我的次净衣区、化妆柜与小件物品收纳柜

（六）儿童房——属于女儿的小天地

儿童房的每一处布置都是女儿自己的想法，我陪着她一起规划了学习区、休息区、生活储物区等。

学习区的书桌选择了可以上下升降的电动升降桌，平时坐累了可以站着画画、阅读，后续也可以随着身高进行调整。桌面以"少而精"的原则为主，平时常用的文具收纳在桌面笔筒中，不常用的用抽屉分割盒收纳在书桌抽屉中。书桌上方的墙面留白，是女儿为自己预留的画作展示墙，有好的作品会装裱挂在墙面，逐渐增加。旁边的书架选择了适合低年级使用的小书柜，上层敞开式区域收纳平时上课用的课内书籍及女儿的儿童护肤品，下层隐蔽式空间收纳备用的新文具、教具和课程资料。

衣柜内部按照女儿的身高进行了重新规划

女儿和我约定好，日常会将用完的物品及时归位，每日睡前还会花费十分钟将学习桌进行有序整理。通过这次共同规划，女儿也知道了自己的空间还剩多少容量，还会自己说，我的储物空间不够了，所以等我用完了才能再买，学会了用空间控制物品的数量，用数量控制人的欲望，她也会慢慢懂得欲望的边界在哪里。

做了整理师以后，我们都对空间有了更深地认识，那就是边界感。谁的空间谁做主，女儿的空间便由她自己选择和布置。这是她第一次对自己的事情拥有决定权，从空间的布局给孩子充分的思考——我需要什么，我喜欢什么，我想要什么样的环境，我怎样可以不讲究地在自己的房间里舒适地生活，一切都由自己决定，拥有足够的掌控感。

女儿自己布置的学习区

（七）阳台——生活的气息与自媒体拍摄空间的共存之地

　　家里的阳台也是一个很小的空间，只有 8 m²。在这里要满足洗衣晾晒、生活储物以及自媒体拍摄的多重功能，实在是一个不小的挑战。我先按照左、中、右划分为三个区，再具体扩充。

　　在视野最好的中间位置，我在这里摆放了一个书桌。白天拍短视频时，可以利用自然光迅速拍摄出好看的画面；晚上坐在这里，利用窗帘和绿植以及灯光可以轻松搭建出一个相对有氛围感的直播间。写作的时候没有思路了，我经常走到窗边，看着外

阳台上有我的工作区，可以在这里完成日常的自媒体拍摄

面的明媚阳光，思路就会变得特别开阔和清晰，将阳台小书桌的作用发挥到极致。为了不显得单调，我把以前的一幅装饰画放在窗边，意外地和书桌相搭配，变成了另一番景象。

左边有下水管道，比较适合规划为洗衣晾晒功能区。这个区域在视线范围的正中间，一眼望过去，容易给人杂乱和压抑感，破坏了空间的整体通透性，所以我选择把晾晒区设置在侧面。这里使用了 1 m 的自动晾衣杆，配合洗烘一体机，基本不会晾晒太多的衣物。在洗衣机的选择上，我不喜欢压顶的感觉，所以放弃了洗烘分体的电器，这样就不会遮挡窗户，影响通风。在洗衣机的旁边，临时购置了洗衣柜，后期会考虑定制柜体，这样在视觉上整体性会更好。

晾晒区的对面是储物柜，储物柜是根据需要放置哪些物品、满足哪些储物功能进行的规划，再进行特别尺寸的定制。

储物空间的收纳分为上中下三个空间，上层空间放置重量轻且不常用的物品，还特别为两个行李箱定制了符合高度的层板，中层空间是家庭生活物品备货区，包括日用品、收纳用品等，下层空间的整体高度大概为 1.2 m，主要收纳可折叠的凳子还有工具，以及暂时不用的一些电器。实际使用后，发现还有一些空余空间，就将原来给客户买的置物架安装上去，位置、大小也正好合适。在这里，我放置了一些桌垫和按摩器材，旁边收纳大型的电器，如电风扇、暖风机以及加湿器。在调整了柜体的小层板以后，空余的空间又收纳了一些直播设备，这样直播时拿取器材更方便。别小看这不到 1 m 的柜子，家庭中所有的琐碎物品均能收纳其中。

阳台上的家务角，放置了洗衣柜和洗烘一体机

阳台上的储物柜

结语

    整理家是爱自己的开始，一点点亲手打造自己的家，从每一个房间、每一个角落的布置到每一件自己的心爱之物，思考着未来自己的生活，想象着今后自己在这里如何度过每一天。我想要什么样的家，我想要什么样的生活，一块砖一片瓦，慢慢地堆砌出自己理想中的生活，从不知道自己想要什么，到清晰自己的需求、描绘未来的模样。打造家的过程就是一点点堆积爱的过程，把自己对生活的美好期许放到家里的每一个角落，眼见的每一件物品都是让自己心动的原因。爱就在家里流动，家的美好日日滋养着我们，给我们力量去更好地生活，我想这就是家的意义。为了爱自己和爱家人，亲手打造一个爱的能量场，幸福就在这里生长蔓延。

第五篇

「95后」夫妻的精装房，
不拆不改也可以很温馨

5

韩兴、瑾萱 / 沈阳市 /127 m²

　　我也曾在几个城市和各种房子里搬迁，有些始终只是栖息之所。在这些过程中，家的轮廓会变得越来越清晰，住进去的时候会有什么样的家具和装饰，也会因为每一次的搬迁而更贴合我们自己。

　　我一直觉得，家是有五感六觉的，气味、氛围、触感、视听等，我们身处其中，就会被完全包裹起来，可以细细地感受到当时家的状态。

住宅信息 整理师：韩兴、瑾萱	基本户型：三居室
城市：辽宁省沈阳市	装修工期：1周
使用面积：127 m²	装修竣工年份：2022 年

精装房不拆不改，也可以很温馨

　　提到家，我的心里总会涌起一股暖意。在我看来，最好的家应该是心口的"朱砂痣"，陪伴经年，温暖妥帖，无关设计与风格，而是情感的承托，让住在里面的人产生认同感和归属感。

　　家里有温暖的小物件和家人的长情陪伴。陪我走过四季的心爱小物都有属于我的温度，不论是家具、收纳用品，还是清洁用品、装饰摆件，我都会选择那些能触动心灵、让我感到放松的物品。

　　在居住需求方面，长辈们更注重功能性和舒适性，如光线和通风等。相比之下，我们95后更注重个性化和时尚感，追求别具一格又充满生活气息的居住空间。与此同时，我们也很看重空间的通透性，希望打造一个既开阔又环保的居住环境。由于我和先生韩兴都是整理师，在创业的这3年里，我主要负责服务质量的把控，比如物品的细分和最后的美学陈列，而韩兴主要负责

小物件组成温暖的家

空间规划和空间改造的把控，比如柜体的选择、家具的安装、灯具的安装、上墙收纳置物架的安装等。

我和韩兴是95后夫妻档整理师，做过很多根据现有空间的改造与整理收纳工作，因此我们更加明晰自身的需求。这个房子是精装房，我们预计只住2~3年，所以我们主要从以下4个维度去做整体的空间规划。

房子维度

因为想快速入住，所以精装房本身不做任何改动，只增加软装和必要的储物柜，让整个空间变得温馨，让生活变得便捷。

屋子维度

因为家里只有我、韩兴以及两只狗，所以我们想让整体空间通透整洁。因此，我们只规划了一间起居室，并让卧室尽量做到空无一物、简洁明了。我们见过太多的两口之家，拥有好几间卧室和好几张床，可是一年到头也不会有人做客，造成了空间的极大浪费。

配合各空间的功能区，我们将家划分为以下几个区域。

客餐厅：休闲、会客、吃饭

厨房：做饭

南卧：书房办公

主卧（含主卫）：起居室

北卧：衣帽间、杂物间

主卫：洗漱、沐浴

次卫：洗衣家政间

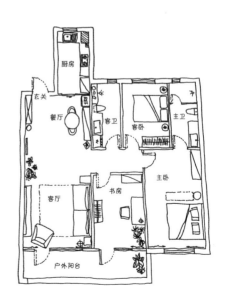

平面布置图

柜子维度

根据物品情况来规划柜子。我们把日常生活中所需的物品类别大致列出来以后，从实际需求出发来规划柜体，力求提高居住空间的利用率和整体美观度。首先列出已有柜体可以承载的物品情况，其次根据实际物品情况再增加柜子。

小贴士

精装修自有的柜体

①玄关柜：鞋、帽、包、遛狗绳、口罩、购物卡

②橱柜：厨房物品

③主卧卫生间柜：日常护肤化妆用品、沐浴类用品

④次卧卫生间柜：清洁家政用品

空间缺少的柜体

①厨房置物架（补充橱柜空间）：主要放置锅具和家电

②餐边柜：零食、药品、营养品、咖啡、茶、饮水机、餐具、摆件、常用纸巾和湿巾

③电视柜：电子产品配件

④衣柜：衣服、床品

⑤五斗柜：贴身衣物（内衣、内裤、袜子、睡衣）、配饰（墨镜、腰带、围巾）

⑥书柜：书、文件

⑦储物柜：狗粮囤货、杂物

盒子维度

根据物品情况来搭配收纳用品，注意收纳用品并不是种类越多越好，而是越少越好，做到有通用性，这样搬家或更换家具时，收纳用品还可以替换下来继续使用。

做好空间规划后，下一步就是确定软装风格。如果不拆不改的话，空间的基本色调就要根据精装房本身的颜色来做软装搭配。在看了大量的家居图后，再结合精装房中较多的木色和白色，我们最终决定以木色、白色和黑色为主要色调。白色作为整个空间的"基调"，能够让整个空间显得更加宽敞和明亮，长时间居住也不会过时；黑

色主要通过小面积与线性的使用作为"突出"与"点缀",丰富整体空间的搭配层次;木色起到黑色与白色的过渡作用。精装房原有的柜体颜色、门的颜色以及地板颜色都是木色,所以我们在软装上的用量会少一些,在空间中主要通过"面"的方式进行呈现,使整个空间变得更具亲和力,温润而舒适,温暖而轻松。

　　确定好软装风格,接下来的工作就是罗列采买清单,如缺少的储物空间(柜子和置物架)、家具、灯具、地毯等。由于我们都是整理师,所以养成了做方案计划的习惯。通过清单,我们知道哪些物品网购、哪些线下购买,再开始行动,这样目标清晰,做事效率也更高。罗列采买清单还可以清楚地了解事件进度,明确采购的轻重缓急,比如说入住必需的物品肯定要先购买,软装装饰可以放在后面慢慢挑选。什么时间节点需要做什么事,用清单一一列出来。

根据需求增加的餐边柜

购买清单（必需品）

序号	区域	物品	购买渠道	备注
1	客厅	沙发	线上	模块沙发
2		电视柜	线下	白色
3	餐厅	餐桌	线上	圆形／长方形
4		两把餐椅	线上	藤编质感
5		餐边柜	线下	黑白配色
6	厨房	置物架	线上	需测量尺寸
7	书房	书柜	线下	白色／黑色
8		书桌	线下	—
9		办公椅	线下	—
10	卧室	五斗柜	线下	—
11		床垫	线上	—
12	全屋窗帘	窗帘＋滑道	线下	联系上门量尺寸

另外，整理师在购买物品上的思考和普通人有所不同。作为整理师，通常更加注重实用性和功能性，会考虑物品是否真正需要、是否适合自己的生活方式和需求，以及它们是否能够帮助家庭提高效率。

所以从整理师的专业视角思考，我认为入住所必需的物品包括以下几个方面。

小贴士

家具类： 床垫、储物柜、餐桌、餐椅、沙发、书桌、办公椅、窗帘

物品类： 床上用品、洗漱用品、厨房用品、文具、日用品

电子设备类： 笔记本电脑、手机、平板电脑

档案类： 身份证、银行卡、保险单、房屋租赁合同、学历证件

这些物品都是我们日常生活中必不可少的，而且大多数都是居家必备的基础款。买齐日常必需品后，就可以开始考虑增添软装的装饰品。我们为新家所添置的是智能家居、绿植。

我们之前住的房子很小，只买了吸尘器，使用过程中不太能满足实际需求，所以我们总因为做家务而发生争吵。这次搬进大房子以后，我们决定添置拖地机和扫地机器人等智能家居。它们可以每天维护 130 m² 的地面基础卫生，及时清理污渍，让家务轻松化，从而提升幸福感。在后来的居住过程中，我们也逐渐感受到智能家居所带来的便利，可以将自己从家务中解放出来，空出时间享受生活。

绿植是家居装修中常用的装饰品，可以让家里的每个角落充满生气。最开始我们是想在网上购买的，但由于居住在沈阳，刚搬进来是 11 月份，室外温度有零下 20 ℃，网上购买容易冻坏。而且我们对于绿植养护也不太了解，所以选择去当地的花市购买。线下购买的好处是可以看到实物，也方便咨询养护方法。平日里，我们的工作比较忙，因此在绿植品种方面，挑选了比较好养护的量天尺仙人掌、七彩铁和龟背竹，其中七彩铁和龟背竹是 10 天左右浇一次水，量天尺仙人掌是 2 个月左右浇一次水。

扫拖一体机器人，解放双手的好物

客厅的绿植角落

作为整理师，在物品的选择上除了着重实用性和功能性外，也更加注重物品的耐用性，所以，具有较长使用寿命和较高品质之物更受我们青睐。比如，购买床品时，我们会选择体感上柔软舒适、款式上简洁百搭的；电子设备，我们会尽量购买大品牌的新款，售后服务好一些，可以用得更久；在购买家居用品和日常消耗类物品时，我们不会趁打折季一次性囤货，而是足够最近一到两个月使用即可。

（一）客厅：家的治愈感是目之所及的温暖

简约宽敞的客厅一直是我的心头爱，宅家的时间基本都在这里度过。有时邀请三五好友在客厅聚会，荡漾着一片欢声笑语。客厅的使用需求主要是会客，不过闲暇时也会在客厅地毯上运动，用健身环、泡沫轴、瑜伽环和筋膜球来放松。我们之所以没有选择购买茶几，在沙发前铺上地毯，也是因为想要为运动预留出足够的空间。

人多的时候，可以在沙发和地毯上坐着或者惬意地躺着，看看电影聊聊天，空间也不会拥挤。

阳光洒进客厅，十分温馨

放置游戏机和泡沫轴的角落

靠着沙发，坐在地毯上，很放松

　　我们选择的是1.25 m×1.25 m的两组模块沙发。模块组合家具的优点是灵活多变，可自由摆放与组合，随时改变客厅布局。材质方面，我们选择了棉麻布料，棉麻的质感能让整个空间变得更加温暖、慵懒与治愈。

　　一般来说，沙发的深度在1 m左右。然而，我们选择了1.25 m的深度，原因有三，一是我和韩兴回家以后喜欢躺卧，所以深的沙发更加贴合我们的需求；二是家里只有一张床，来客人的时候模块沙发也可以挪动到其他房间当床使用；三是考虑到后续如果再搬家，这种模块沙发也可以更好地组合到新家里，比如说拿出一组放在书房，当作读书角沙发来使用。

可以随意组合的模块沙发

（二）餐厅：生活本该如此美好

认真生活的人，才更懂家的牵绊。

餐厅承载着一家人的温馨时刻，也是与亲朋欢乐相聚的所在之处。讲究情趣，大概就是为了把平淡的日子过出美感。把生活的仪式感交给餐厅，在特殊的日子与爱人小酌庆祝，在闲暇的时间与亲友举杯相聚，这些都是不可多得的温暖时光。

说起餐厅，就不得不提餐边柜。有些人认为用途不大，放置在餐厅非常占地方；有些人却觉得餐边柜必不可少，可以用来收纳基本餐具及所需要的物品。所以，究竟要不要装餐边柜呢？

我的答案是一定要的。我们见过上千家的客户，没有餐边柜的餐厅，大概率都是很凌乱的。空间足够就一定不要省，因为它不仅可以满足收纳需求，还可以根据家庭的需求、喜好与其他功能相结合。

餐厅，感受惬意生活

那么，餐边柜有什么功能呢？

1. 摆放造型美观的装饰品

餐边柜可以摆放在厨房和餐厅相隔的地方，另外中间可以设计一些留空的隔层，增加收纳空间，台面可以摆放装饰物，如鲜花、绿植、精致的摆件等。这样可以增添餐厅的活力，也可以使餐厅环境更加舒适。如果没有餐边柜，没有点缀的墙面就需要一些装饰品，不然就会显得空空荡荡，因此，做一整面墙的餐边柜起到了很大的装饰作用。

我们选择的餐边柜是模块化的组合，宽度和高度只有固定的几个规格可供选择。宽度只能是 60 cm 的倍数，比如 120 cm 或者 180 cm；而深度是 40 cm；在高度方面，上下两个模块组合起来为 64 cm 加 38 cm，共 102 cm。

根据餐厅的空间设计，我们组合了宽度为 180 cm、高度为 102 cm 的餐边柜，台面上的空间还可以摆放物品。我们摆放了饮水机、水杯、中古置物架、装饰画、香薰和小盆绿植等。因为我们家的杯子和餐具比较多，厨房又放不下，所以我们特意把餐边柜的中间部分留空，设计了隔层，用来展示这些好看的杯子和餐具。

餐边柜上的装饰品都是我精挑细选回来的

2. 收纳储物

　　餐边柜拥有很强大的收纳储存空间，可以把杂物、囤货统统收纳起来，有效地分担了一部分厨房收纳的压力，利于保持空间的整洁美观。作为整理师我们去过很多家庭，发现如果没有餐边柜，桌面的覆盖率基本都达到了50%，因为餐桌是唯一可以放东西的地方，很多常用的小东西，比如各种杯子、茶具、保健品、药品、零食等等都摆放在餐桌上，一到饭点就要先收拾，把桌面东西转移到厨房或客厅，这样既麻烦又浪费时间。有了餐边柜，餐桌上的东西就可以摆放在餐边柜上。餐边柜的台面上，我们摆放了饮水机和热水壶，吃饭时想喝水直接伸手就可以接到，不用在厨房和客厅之间来回跑，省时省事。

餐边柜，储物空间大且美观

（三）厨房：四方食事，不过一碗人间烟火

　　对于每一个在外忙碌的人来说，厨房一定是最大的牵绊。每当我们结束一天的奔波，回到这个让人牵挂的地方，看着锅灶间升腾的热气，心里总会生出无限暖意。

　　厨房是家中使用频率最高、物品最多的区域，也是最容易变得杂乱无章的地方。因此，在全屋整理中，厨房的整理收纳显得尤为重要。合理的厨房收纳不仅可以提高效率，避免浪费时间，还能让厨房看起来整洁美观，让人在下厨过程中拥有更舒适的使用体验。

作为家中必不可少的功能区，厨房的设计应符合人体工程学，台面功能分区应按照"拿—洗—切—炒—传"这个动线，即"食材储存区—洗菜区—切菜区—炒菜区—传菜区"，通过合理的布局设计让每个区域之间的距离合适，便于操作。

因为精装房本身的布局问题，我们家是一个 L 形厨房，进入厨房，面对的是洗涤区，右手边从左到右依次是备餐区、烹饪区、传菜区、小家电和锅具收纳区。在最大限度上，立足于整体空间来进行科学的烹饪规划。学会规划，才能让下厨不再慌张。

每个人对于厨房或多或少都有自己的想象，在厨房中做出的一道道美食，不止满足我们的味蕾，更让我们感受到家的温暖。因此，在整理收纳中，不仅要根据厨房的空间大小，还需要考量家庭成员的需求来进行合理规划。

因为家里只有我和韩兴两个人居住，加上经常一睁开眼睛，就投身在热爱的整理事业里，所以厨房的东西并不多。快节奏的创业生活，让享受烹饪乐趣的我们不得不选择能很快烹饪好的速食，半成品的松饼、烤肠、麦片等成了我们的家常便饭。这样既能满足味蕾，又能高效烹饪，所以在厨房家电的选择上，比起耗时又费力的大家电，我们更偏爱"短平快"的小家电，空气炸锅、三明治机、微波炉绝对是跻身前三的"厨房爱用物"。为了搭配全屋的家居风格，我们选择了饱和度低的颜色，让厨房整体更加轻快、现代、整齐，充满年轻人的气息。

厨房爱用小家电放置在三层置物架上

规划得当，厨房空间能实现最大程度的极简

调料区上墙，合理利用空间

厨房的烟火气，这才是家的味道

在整理收纳方面，将厨房整体储物空间分为吊柜、台面和地柜。吊柜一般放置低频使用且不易拿取的物品，如干货、大型工具、未拆封物品、不常用的电器、低频使用的锅具和容器；台面放置高频使用的物品，如备餐工具、清洁工具、高频使用的调料和电器；地柜则放置取用便利的物品，如用餐工具、碗碟容器、高频使用的调料、低频使用的电器、其他清洁工具等。

其次，选择适合自己的收纳方式和工具，利用抽屉分割盒、墙面置物架等工具，分类存放各种物品，节约空间。另外，可以根据实际的使用需求进行挂墙或储物架的安装，充分利用空间，确保每个物品都有固定的归属地，避免下厨过程中的手忙脚乱。

最后，厨房需要日常的清洁与整理，要经常擦拭厨房的各种家具家电、清洗餐具和灶具，保证厨房环境的干净卫生，让食品更加安全健康。

合理的厨房设计与收纳方案能够极大地提高我们的生活质量和使用效率，让我们在繁忙的工作中享有更多的舒适与便捷。

（四）一间书房：享受与自己独处的时光

合理设计书房有利于营造良好的学习与办公氛围。坐在其中，整理思绪，目之所及是舒适的色调与整洁的空间，从而能够更快地进入状态，专注于手头上的事情。

1. 书房格局规划

　　一般来讲，书房的规划可以分为两种格局，一种是独立空间，另一种是开放空间。在没有独立的空间作为书房时，也可以在客厅、卧室等空间通过精巧设计，分割出书房，简单放置书桌与书架即可。

　　我们家在户型允许的情况下，专门利用了一个房间作为书房。这样的布局既满足了对书房的功能性需求，又更加私密，不易被打扰。

　　在规划书房格局时，需要考虑到以下因素。

空间的实际利用情况

　　书房的墙面和地面经过合理规划都可以被充分利用。例如，在墙面安装书架、挂画、置物架、收纳柜等，或者在地面放置书柜和办公桌。

功能区划分

　　需要进一步对书房进行细致的功能区划分，如阅读区、电脑区、档案区、文具区等。根据实际需求，将各个区域分开摆放，方便使用。

数量控制

　　书房的物品种类比较丰富，为了避免过多的杂物占用空间，需要进行数量控制。舍弃一些冗余的书籍、文件、装饰品等，只留下最有价值的东西，不仅可以使空间更加宽敞明亮，也可以提高空间的利用率。

书房，享受独处空间的惬意　　　　　　　　书柜与文件收纳区

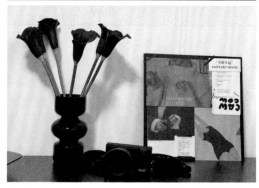

书桌布置

整体风格

给书房制定一个整体风格，可以让书房看起来更加舒适与美观。可以根据个人喜好选择不同的颜色和装饰风格，也可以根据家居的整体风格进行搭配与调和，从而营造一个完美的书房。最初我们想布置两张整体色调为白色的书桌，但后面在线下购买时，头脑一热又选择了黑色。经过一段时间的使用后，逐渐感觉到相对于黑色的清冷，还是白色更能打造家的温暖氛围。

总之，在规划书房格局时，需要考虑空间的实际利用情况、功能区的划分、数量控制和整体风格。只有在全面考量实际的使用需求之后，再进行精妙的规划，才能打造出一个舒适、实用、美观的书房环境。

2. 书房设计要点

隔声

由于我先生的工作经常要剪辑视频与配音，而我希望和团队的小伙伴们沟通时可以不被打扰，所以书房的安静对于我来说是十分实际的需求。如果有独立的空间作为书房，做好隔声是非常有必要的。想让书房更隔声，可以在硬装时对墙顶地以及门窗进行改造，使用隔声材料和隔声效果好的门窗。因为我们家未经过大的拆改，最开始选择用地毯吸声，但是出门上班时经常把狗狗关在书房，回家后书房总是一地狼藉，所以后面我们选用可移动的次净衣架来取代地毯，从而起到吸声的效果。

次净衣架

符合人体工程学的设计

书房作为用来工作、阅读、学习的空间，在桌椅的选择上就一定要以舒适为主。在选择座椅时，最初被颜值吸引，但试坐了30分钟，发现并不是很舒适，颈部没有支撑，考虑再三，还是选择了颜值不高却符合人体工程学的办公椅。

人体工程学办公椅根据人体的骨骼结构，设计出合理的凹凸形状，并选取优质材料，提供更好的支撑和缓冲功能，坐在上面可以保持正确坐姿，避免长时间的不良坐姿对颈部和腰椎造成的损伤，降低身体疲劳和压力。

另外，人体工程学办公椅通常配备多种个性化调整功能，如高度调节、扶手旋转等，可以根据家庭成员对于舒适度的不同需求，做出细致的调整。

人体工程学桌椅，缓解办公压力

3. DIY 制作

选择书柜时，要保证有较大的放置书籍与物品的空间，深度以 30 cm 为宜，太深既不方便拿取，又浪费空间，像我们一开始购置的深 40 cm 的书柜，经常存在拿取不便的现象。

另外，韩兴在书柜上方的空间处，充分发挥动手能力，做了 NFC 音乐照片墙，颜值高且实用。我们两个平常工作累了的时候，把手机贴到对应的图片上，音响里就可以播放对应的歌曲，放松疲惫的身心。

书桌上的"腰封画"也是韩兴制作的。每次买书，腰封基本都是要扔掉的，我们不愿浪费，本着旧物利用的原则，就做了这幅腰封装饰画。只需买一个相框，把腰封剪下来，组合好再进行粘贴就可以了，大家也可以自己动手试试。

NFC 音乐照片墙　　　　　　　　　　　　DIY 腰封画

（五）卧室：在极简中与内心对话

卧室占据了我们一天三分之一的时光，自然要装成我们喜欢的样子。我希望它是干净又不失温度的。宽敞的房间里仅保留舒服的床垫、柔软的四件套、地毯、温和的灯光、遮光干净的窗帘，极简中便可达到内心的富足。

比利时建筑师文森特·范·杜伊森说过："建筑就是舍弃多余，打造一个宁静又能满足基本所需的空间。"做到这一点，就算日常工作和琐碎家务让你感到烦扰，但每当回到卧室，拉上窗帘，躺在床上，放上一首喜欢的歌，紧绷了很久的身与心便可一下子放松，在沉静中获得慰藉。

虽然我们的主卧空间很大，但是在家具的购置上，也只增加了一个五斗柜、一张床、一个边几，还有我们家狗狗的窝。这些简单的配置即可满足我们在卧室的生活及储物需求。

五斗柜在卧室中是非常重要的。它可以容纳很多小的物品，比如贴身衣物（袜子、内裤、内衣、睡衣）、运动类的衣服、眼镜配饰等。因为五斗柜离主卫很近，而且空间又有余裕，所以还放了一些护肤仪器。

软装上，因为想让卧室空间在简洁的基础上更温馨一些，所以我们选择了一幅日出的装饰画。光代表着希望，寓意为每天起床都满怀着新希望。灯具选择了和日出装饰画相对应暖色调的花朵灯。床边的地毯颜色和窗帘地板色调相呼应，显得整个空间更加柔和。

我们家的床原本是附灯带的悬浮床，但在使用过程中，渐渐发现太刺眼，并且感应后灯带亮的时间太久。每当我起夜时，床边的灯带都会把我先生晃醒，影响睡眠，所以现在选择用小的暖色感应灯取代原本的灯带，这样就完美解决了使用中的不便。

每天看到这幅画，都能感觉到一股强烈的能量在涌向我

花朵灯将自然和活力带进卧室

卧室，与自己对话的空间

结语

在我从事整理师工作的 3 年里，逐渐发现整理师与家的关系可以视作一种相互依存、协同发展的共生关系。

宏观来讲，整理师需要为家提供整理服务，让家变得整洁、舒适与美观。与此同时，家人也需要整理师的帮助来调节日益繁忙和复杂的生活节奏，提高家人的生活质量。

微观来说，整理师要把控各种细枝末节。在家庭内部，不同成员有着差异化的使用需求和对物品的偏好，整理师需要将家看作一个具有生命、情感和性格的个体，融入其中，深入了解家庭成员的生活习惯，家庭物品的堆积情况，以及家庭空间的利用方式等，才能制定出专属的整理方案，让家变得有序、清爽，充满呼吸感。

除此之外，整理师还需掌握合理分配储物空间的能力，优化家居布局。可选择柔和的色调和暖色系的布艺家居用品来装点家中，搭配适当的灯光和灯饰设计，增强整体质感和舒适感，提高每一寸空间的利用效率，使家的每一个角落都发挥最大的功能。

总之，整理师的目标是消除家庭物品杂乱无章的状态，将家中杂乱的物品按照一定的规律和需求进行梳理、分类和布置，让每个物品都有属于自己的位置，从而营造出一个整洁、舒适的生活空间，节省翻找的时间和精力。温馨的居所不一定要大拆大改，只要厘清生活的脉络，依据空间自身，重新审视现有物品与人的关系，达到生活的富足。

依据空间自身，达到生活的富足

第六篇

母亲与孩子的静谧岛屿

6

蕊鑫 / 广州市 / 88 m²

　　当我在社交平台上发布家里的照片时，会收到很多
这样的评论："乍一看不像是有小孩的家，可仔细一看，
却是最适合孩子成长的乐土。"

　　作为单身母亲的我，带着学龄期的儿子，在广州的
万家灯火中，认真装点自己的轻灰色调房屋。我的家不大，
却有平凡质感的幸福在微微发光。

住宅信息	整理师：蕊鑫	基本户型：三室两厅一卫
	城市：广东省广州市	装修工期：60 天
	使用面积：88 m²	装修竣工年份：2020 年

新的生活，始于整理规划

4 年前，我成为一名单亲妈妈，带着儿子嘟嘟一起开启了全然不同的生活。告别以前住的房子，共同打造了平凡又简单的、只有我与孩子两个人的新家。家庭关系的剧变让我开始思考自己的人生。从前，我是一名资深市场销售总监，除了出差、开会就是不停地应酬吃饭，每天为了工作而工作。嘟嘟降生后，我选择成为全职妈妈，也变成与严重脱离社会的人，重回职场让我感到彷徨，生活的剧变又让我不得不停下来思考：我究竟要过什么样的日子？

一个偶然的机会，我接触到整理行业。整理不仅仅给我带来了一份事业，也让我的人生完成了"第二次成长"，梳理清楚自己，变得自信有力量。

拿到初级整理收纳师资格证书之后，正好是我搬家换房子的日子。因为有了整理规划的概念和方法，我没有丝毫慌乱，一个人很笃定地完成了房子装修前后所有的事。现在我已经是一名高级空间管理师，回顾当时的规划，或许

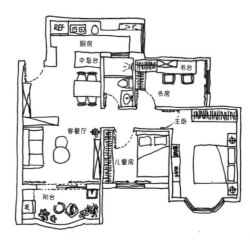

平面布置图

并非完全理想，但不影响现在生活的惬意与舒适。

整理师的最大意义，便是在有限的空间内，创造无限的居住可能。

我购买了一套位于三层、建筑面积为 88.8 m² 的旧房屋，拥有三间卧室和一个卫生间。购买时已有 15 年的楼龄，内部十分破旧，需要拆成毛坯状态后，重新进行整体的硬装、软装。

那么，我为什么选择了一个旧小区的楼梯房呢？

作为整理师，我们在工作的过程中一直要照顾客户想要的风格、色彩和软装，却不能被这些迷惑，而是把居住的家归为几个基本元素：空间、物品、人，并以这三点为核心去完成整体的规划。

选择自己要住的房子也一样，要尽量忽略装修，先看户型、格局、光线并感受居住的感觉。

当我实地首次踏入这套房子的时候，仿佛一眼就看到了我住进去的样子，对家憧憬的画面不自觉地映在眼前。房间整体是正南的朝向，阳台东南两侧都拥有巨大的玻璃窗。清晨的阳光，可以透过窗子照亮客厅和两间卧室，当我拉开窗帘，可以看到窗外大片的草地绿植，盎然的绿意像一阵轻风吹入眼帘。傍晚时分，在阳台上捧着咖啡，看着醉人的夕阳缓缓落下。

拥有合适的格局和理想的朝向，就能清晰地感知昼夜的更替、四季的冷暖。这种无形的感受为生活带来无法衡量的价值，也让孩子在成长过程中自然而然地认识到世界的美。

规划是设计的开始。在我们选择房子的时候也要清楚自己需要什么，希望在家的生活状态是什么样的。精致的华丽未必是对的，属于你的才是对的。

家庭幸福感的提升术

　　确定房屋的布局后，要开始进行整体的规划与设计。在职业整理师的眼里，规划与设计都是整理的一部分，空间、物品、人，三大要素不可或缺。因此，空间的可延展性、物品的留存量与人的生活需求，都需要梳理与整合，梳理得越细，后续的麻烦也会越少。当你完成这个部分，家的设计便成功了一半。

（一）收集家庭成员需求

儿子嘟嘟的需求清单

①总体需求：嘟嘟是学龄期男孩，上小学的他开始有了边界感、私密感的意识，需要独立的学习、睡眠区，这两个空间在规划里必不可少。

②学习区：为了培养孩子的学习力和专注力，学习区需要安静，并与家庭的动线区域分隔开，同时也要能在学习区完成各类学习用具的收纳。

③睡眠区：

◎独立的卧室；

◎一张喜欢的床和舒适的床品可以提升睡眠质量和幸福感；

◎可收纳睡前读物和台灯的床头柜；

◎衣橱区域需要一组到顶的组合柜子，能收纳衣物、家庭常用的备用物品，同时柜体中间可做展示区。

我的需求清单

①卧室：独立、舒适。

②简单的办公空间：可以专心为客户做方案，也可与孩子共享。

③开放式厨房：我很喜欢烘焙，喜欢在无油烟的厨房做健康的食物，因此一个可以摆开烘焙用品的中岛台不可或缺。

④客厅：拥有一张很舒服的沙发，会有一种在家的温暖感。

⑤厨房：有一台洗碗机和一个大大的烤箱。

我和儿子嘟嘟

确定了基础需求后，其他空间按照常规安排就好。这样一来，房子就有了初步的整体规划——我居住的主卧、嘟嘟居住的次卧、可以共享的多功能书房、开放式且可以进行烘焙的厨房、舒服的客厅。房子的大空间规划好，房子的"骨架"便设定完毕。下一步，便是软装设计与全屋定制最核心的内空间规划，其中更重要的是内空间规划。

（二）内空间规划

为什么内空间规划十分重要？

想要更好住的家，在确定装修风格之前，要先为自己的家打造出合适的生活实用基础，也就是我们整理师常常提到的"家庭整理收纳体系"。收纳体系能否建立，空间是重中之重，家庭空间可分为四个维度："房子—屋子—柜子—盒子"。

通过确认户型整体格局是否符合环境需求和经济需求，我们规划好了房子；通过整理家人生活需求、共生空间和独立空间，我们规划好了屋子；而各个生活空间的实际使用，则需要整个全屋定制家具的内空间来实现。在这个环节，"空间、物品、人"中的"物品"开始介入。

与许多朋友交流后，我发现大家都会遇到同样的烦恼：新房子入住了半年才发现全屋定制的家具"好看不好用"，内空间格局变得很鸡肋。而厂商当初在设计时，也只关心家里适合打什么柜子，而不是你需要怎样的柜子。

我们在定制家具的时候，往往没有审视过家庭现有物品情况，每位家庭成员的爱好更容易被忽视，由爱好延伸出的各种物品在不自觉中是会"膨胀"的。新房子入住一年左右，随着物品不断增加，家里只要有地方就开始塞得满满当当，我们便会开始抱怨，房子为何离理想的状态越来越远。

房子一定会越住越乱、越住越旧吗？并不会的。

计划软装时，就一定要深度考虑家庭收纳体系，它承载了未来整个家庭物品的储存。那么，如何为空间做规划呢？

想要让家越住越舒服，你需要做好以下几点空间规划：

①定义功能区：根据家庭成员需求，定义房子里每间屋子的功能。

②划分界限：家庭公共空间和私人空间严格区分开，并确定每个空间会有哪些物品出现，又该如何有效收纳，建立空间的边界感。

小贴士

常见家庭空间清单

◎公共空间：客厅、卫浴、阳台、储物间、书房、餐厅

◎私人空间：主卧、长辈房、儿童房、次卧、衣帽间、厨房

关于公共空间与私人空间的定义：比如，为什么厨房是私人空间？因为谁用厨房谁做主。物品的归纳位置，需要按照使用人的生活动线去做规划。

③物品分区：每个空间都会有大量的物品出现，需要详细地观察审视家庭的物品情况，将物品使用习惯与日常生活动线结合在一起，再去做全屋定制的设计，不要贪图美感而忘记实实在在需要解决的物品收纳问题。

八大空间的规划设计

在完成空间规划的基础之上，就可以尽情地考虑风格、色彩和软装布局了。

●**我家风格：现代简约风格**

●**色系：白色背景色 + 灰色主控色**

我选择了白色搭配灰色的现代简约风格。这个色系是看不腻的颜色，能让整体空间看起来简单又干净。小户型的房子尽可能选择干净的基础色搭配，入住时间久了也不会视觉疲劳。基础色选对了，家庭软装小物件便可以随着季节变换灵活调整，让家里充满生机。

现代简约风格

（一）主卧空间：用色彩调节房间温度

我将睡眠区、衣橱区、护肤品收纳区放在了主卧。

规划时，需要将房间分解为各个功能区，清晰设定每个区域的边界，这样什么东西放哪儿便可以一目了然。

切记：功能区尽量不做拆分，比如护肤区就要尽量收纳好护肤相关的所有物品，不要在卧室放一些面膜、在卫生间放一些晚霜、在储藏间放一些囤货，还散落在不同的柜子里，这样不仅会浪费许多来回寻找的时间，还会让人懒得收拾，越来越乱。

1. 睡眠区

虽然家里的底色是"白色＋灰色"，但不代表不能搭配其他颜色。主卧床头以枣红色来搭配灰色的床，跳跃的暖色可以减少睡眠区的清冷感。白色的床品搭配与墙面同色系的盖毯相互呼应，让室内颜色更加平衡协调。随着季节变换，更换小物品的颜色，可以在视觉上调节房间温度。

同时，搭配金属感吊灯装饰床头，还可以与灰色系的床和窗帘相呼应。

主卧睡眠区

睡眠区软装选择建议：我们每天至少需要7小时的睡觉时间，睡个好觉很重要。因此，床垫、枕头等床品的重要性大于床架，一定要选择质量比较好的，如大品牌、售后维护服务好的产品，床架不需要太贵，满足需求即可。如果家庭储物空间不足，可以考虑下方带有收纳空间的床架。

主卧一角

2. 护肤品收纳区

床脚是斗柜收纳区，还配置了白色置物架、六斗柜和梳妆台，五金件的金色与窗帘的颜色互相辉映，白色的柜体也与我家的基础色调相符。化妆凳的靠背使用金色的蝴蝶结设计，不仅护腰，简洁的线条也不会显得臃肿。卧室是属于自己私密放松的地方，家具的风格一定要轻盈且和谐，能够减轻收拾的压力，同时也让视野所及之处有美的愉悦情绪。

我将化妆护肤区和贴身衣物区合并在这里。

斗柜左边的三个抽屉用来收纳护肤品和彩妆囤货，右边抽屉则与置物架形成有机组合，抽屉收纳内衣、内裤、袜子等小物件，置物架则存放每天使用的浴巾和家居服。这样，从洗手间到卧室，可以轻松完成贴身衣物的更换，每天洗浴前后的动线都十分简洁、自在。

化妆护肤区

化妆护肤区借用了各种收纳盒，存放珠宝首饰及常用护肤品。当我们为存放物品选择收纳用品时，需要注意以下几点。

观察物品的属性

珠宝类物品怕划痕、怕氧化，需要收纳盒具有封闭性且材质柔软。

观察使用的频次

日常护肤品每天要用至少两次，且步骤多、包装不统一，需要收纳盒尽量透明简洁，能够一眼锁定物品。

观察使用的场景

彩妆类物品的使用具有随机性，不同的造型需要搭配不同的妆容，每一类都有多种产品，总量较大又怕灰，需要收纳盒能清晰分类且避光，并且物品都要在手臂距离范围内，即使时间匆忙也能从容化妆。

根据不同物品的特点，我为它们选择了相应尺寸的收纳盒，需要随手用到的各类化妆刷放进珍珠收纳瓶里，摆在化妆桌台面；口红放在口红架中；粉饼放在狭长收纳盒中；尺寸大一些的眼线笔、睫毛膏放在较为宽松的收纳盒里，然后统一放进抽屉。这样用的时候拉开抽屉即可迅速拿取归位，化妆结束合上抽屉，一切都可隐藏起来。

常用的护肤品则选择亚克力材质的收纳架，保证视野清晰，即拿即放，清理方便的同时也不失颜值。选择这类收纳用品时，需要注意几个收纳架的组合方式，最好可以灵活组合。此外，开口也需要顺畅，避免拿取的时候卡住发生倾倒。

珠宝首饰类选择抽屉式的皮质收纳盒，内部有不同的分隔设计，绒质的内里也会保护好贵重物品不受磨损。

主卧梳妆台

抽屉收纳的囤货用品、小件物品等，选择使用纸质分隔盒，将物品做详细分类，不仅经济实用，还更加井然有序。

收纳首饰的皮质收纳盒

方便的纸质分隔盒

（二）儿童房：让飞机在梦中起航

嘟嘟带有飞机元素的床

儿童房的空间设计同样很简单，一张床、床头桌及床尾的定制柜。

嘟嘟是一个超级飞机迷，有着机长梦想的他喜欢飞机与天空，从玩具、衣服到书籍都与飞机有关。因此，房间窗帘和床品选择了飞向天际的蓝色系，而床体则选择了在天际俯瞰的大地色。

"床头桌"

床右侧的桌子是嘟嘟小时候的学习桌，遵循"留存有道"的生活方式，旧物利用，作为床头柜继续陪伴他。床头的画由他自己绘制而成，画画的主题一直不变，是各种不同的飞机。这个作品与房间的整体颜色十分搭配，睡前看两眼，连梦境中都在蔚蓝色的天空自在翱翔。

在规划这个空间时，我没有给他配备儿童衣柜，而是定制了一整面墙的柜体，空间内无论是衣杆还是层板，都可以根据不同的需求进行调整改造。因此，即使孩子还小，也能正常使用，柜子还可以陪伴他到成年。

柜体右侧作为储物区放置一些不常用的物品，拜托嘟嘟保管，这样孩子就不会觉得自己的空间被侵占，而是有了使命。等嘟嘟的储物需求增加，这些空间都可以空出来，不用额外添置家具。

　　柜体左侧作为嘟嘟的衣橱，嘟嘟的身量尚小，可根据其衣服尺寸划分挂衣区。上方按照色系悬挂他的上衣，下方悬挂各类裤装。

柜体右侧的储物区

按色系分类的衣橱

（三）共享书房：家中的自习室

我与嘟嘟都有静心凝神的需求，因此在
规划的时候，将孩子学习区和妈妈办公区结
合在一起，成为多功能房间。

如何让工作与学习的时刻保持高度专注
呢？答案是尽可能让物品都上墙或进抽屉。
让桌面保持干净整洁，留出 60%~80% 的留
白空间，使用时桌子上只放当前需要用的物
品，就能专注于当前的任务。

两人位学习桌

选择两人位桌子，两个区域界限清晰，
会带来图书馆自习室的陪伴感。无论家外面
的世界多么艰难、喧嚣，当我们一起坐在这
个房间，桌上的灯光亮起，这里就是我与孩
子的静谧岛屿，家人在身边的每一分每一秒
都值得珍惜。

左边是孩子的学习区

右边是妈妈的办公区

书房收纳要点

①家具搭配：桌下搭配收纳抽屉柜，抽屉内放置分隔盒；在整理时，不同的物品根据类别集中存放；选择可灵活调节的学习椅，可以根据孩子身高增长，调整舒适度与高度。

②桌面设计：保持桌面空间留白至少60%，用于学习或是办公；单独的桌面光源可以预防孩子近视，提高孩子专注力；利用文件夹收纳盒，放置每天都要使用的书籍和资料。

③墙面空间利用：使用洞洞板收纳学习用品；侧边置物架可以完成书籍、学习用具、各学科资料、家庭打印机、学习机等物品的收纳。

④物品不交叉收纳原则：孩子的物品放置在左边，妈妈的物品放置在右边，即使是一张两人位桌子，空间和物品也建立了清晰的边界，孩子可以自行完成学习区域的物品整理，养成良好的整理习惯。

（四）客厅：舒适的休憩所

我的客厅拥有宽敞的落地窗，目光所及之处，都是一幅画。

客厅的家居规划较为简单，依然以白色为主色，搭配灰色窗帘和深棕色沙发。没有放置厚重的家具，在不同的需求场景，可以随意改换家具的位置，让空间成为人自在生活的容器，而不是桎梏。

由于客厅不是十分宽敞，因此各类物品的比例也相应缩小。购置了几组白色的薄柜，既可以完成超量的收纳，同时在视觉上减轻了大家具带来的压抑感。原来客厅是有电视柜和电视的，随着嘟嘟上学后，我们更多的是需要安静的阅读空间和亲子时光，为此我选择"去电视化"的客厅。

客厅整面多功能收纳柜

客厅全貌

　　在客厅的时候，也需要一点私密感。于是我在沙发的左侧添置了白色的斗柜，不仅可以制造轻盈的遮挡，同时还可以收纳各类小物件。美、功能和实用兼具。

常常窝在沙发阅读的一角

电吹风、蜡烛、艾灸仪器
婚婚的各种画画作品
书法练字相关物品
家庭成员证件、资料
画画相关物品
健身相关物品

客厅斗柜，亦可当玄关柜

用餐区

（五）餐厅：美味中转站

这个区域比较简单，只有一张宽 1.4 m 的餐桌加一个小巧的柜子，可以收纳零食、饮料、杯子。用餐区里侧便是我的开放式厨房，饭菜准备好，转身即可上桌，提升了烹饪的趣味。

餐桌、饮料柜、小水吧、开放式厨房，家具虽然简单，但摆放得错落有致，可以让家形成一种类似中国传统园林的层次感。即使家里没有昂贵的陈设、精致的摆件，仅仅是满足日常生活所需的物品，经过整理，也同样能创造出温馨而带有美意的家。

（六）开放式厨房：我的清欢滋味

进门的左手边，视线跃过餐厅，便是我梦寐以求的开放式厨房。全明户型的优点是不可替代的，它不仅实现了从客厅到餐厅的明亮，做饭时身上也能披一层阳光带来的温暖照拂。

厨房选择封闭式还是开放式，需要根据家庭的饮食习惯。我家口味偏清淡，烹饪油烟小，烘焙频率高，开放式厨房更加合适。为了改变厨房面积小的现状，我将原有生活阳台拆除，改造成一字形厨房。白色柜体搭配灰色瓷砖，与整体风格保持一致。

一眼可见的开放式厨房

心心念念的岛台区

烹饪区

一字形厨房操作台内部

小贴士

厨房避雷建议

①小户型岛台不要装台盆：3 年来，我的岛台台盆一次都没有使用过，还占用台上放置空间和台下收纳空间。建议将洗碗机和烤箱并排放在岛台下方位置，这样厨房地柜可以多出 3 个抽屉，收纳更多物品。

②岛台的高度一定要合适：根据使用人的身高设计，我家的高度偏高，超过 90 cm，在使用过程中发现并不好用，如果使用人为女性，建议规划为 85 cm。

冰箱收纳建议

①利用收纳用品：食材分生、熟，分开保存。熟食选择密封性较好的保鲜盒，蔬菜水果可用牛皮纸收纳。冷藏区可分上、中、下、冰箱门 4 个位置，上层放置各种酱料瓶，中间放置最高频使用的食品，下层抽屉放蔬菜水果，冰箱门可放饮料、调料和对温度不敏感的食物。

②冷冻区详细分类：分区集中收纳，如速冻食品类、肉类、雪糕类，每次采购后将食材分类收纳，方便迅速寻找和制定购物计划，避免重复采购。

③定期清理：定期清理过期食物，冷冻区保留 20% 的空间，最省电。

零食区域集中收纳

台盆左侧为高频使用的小家电收纳区

上层吊柜物品收纳，左侧薄柜收纳调料瓶，做饭时伸手可拿，又不占用空间

吊柜内物品收纳

抽屉内餐具收纳

冰箱冷藏区收纳，使用标签和透明收纳盒，空间高效利用且清晰可见

（七）玄关：出入的过渡区

玄关采用了符合整体风格的白色柜体，开放格使用灰色进行点缀，让柜体整体更有质感。

玄关是外部空间到内部空间的过渡，是我们从熙攘的外部世界来到安全舒适、可以避身的家的临界处。回到家一眼看到的玄关，就是我们最先能感知到的家的空间。也就是说，玄关是家的第一印象，我们在这里脱下抵御外界寒风的外套和走过很多路途的鞋子，卸下身上担负的物品。玄关，是离家与回家的仪式殿堂。

因此，这个位置我选择不将就，打造顶天立地的超级收纳柜。玄关储物区根据使用频率合理放置如鞋子、帽子、家庭囤货等物品，高频使用的放在易于拿取的位置，不常用的物品遵循"上轻下重"原则，因需放置。

玄关整体图

玄关

入户的镜子和凳子

144

（八）阳台：与盎然世界连接在一起

由于无法做封闭式阳台，为此阳台变成了呼吸大自然的眺望场所。花儿和植物在这里蓬勃生长，一个小小的吧台足以满足我对每天朝晖夕阴的欣赏需求。在花草掩映里，折叠了一个小小的洗衣区，满足衣物洗涤晾晒需要，同时也给厨房让出了空间。

阳台洗衣区

作为整理师，我们倡导家中拥有一个可以让自己恢复能量的角落，哪怕只是静静待着，也会忘却一切烦恼，满血"复活"。我的阳台便是这样的一个处所，在搬进来的一千多个日子里，有无数片绿叶，用它们的呼吸陪伴我。

生机盎然的阳台

结语

苏轼说：此心安处是吾乡。

整理，便是学习管理自己的家。这样就能体验到一年中每个季节、每一天的变化，会感到自己真的生活在这里，而不是潦草走过一生。能设计、规划、整理自己的家，也是在观察生活中的每个细微角落，打造一个可以无限探索的家之岛屿，与我的孩子一起去体会生活中的无限美妙。

在这样的居所，世界是家，家也是全世界。

第七篇

顶楼复式间，
追逐内心的自由

7

小刚 / 宁波市 / 115 m²

满足当下的需求，才是理想的家！

我是整理师郑小刚，一个追逐自由的"85后"。从2003年读大学开始，我就与宁波这个城市深深地捆绑在了一起。这里，有一群志趣相投的朋友，也有在一起打了十多年排球的球友，还有与我一起扎根在这里的爱人。

宁波是一个不太大的城市，相对于北上广来说，交通没有那么拥挤，人口还没到达千万，商圈也比较集中。宁波东南方的郊区，有一个面积是杭州西湖三倍有余的东钱湖，被誉为"西子风韵，太湖气魄"，这里也被称作宁波的"后花园"。我的家就在湖边的小镇上。

我的房子不是很大，是一套使用面积为 115 m² 左右的顶楼复式户型。当初买这套房的时候，主要考虑以下几点因素：一是预算，宁波的房价虽然比不上北上广深，

但是市中心的房价也不低，而东钱湖的房价当时只有市区均价的一半左右；二是环境因素，东钱湖离市中心比较远，是个旅游度假区，环境非常不错，空气清新；三是因为小区是白坯房，可以自由发挥，满足我脑中对于房子的一些憧憬。综合以上三点，在看完房子的第二天，我们就约了房东交定金。

东钱湖风景一览无遗

在客厅的沙发上盘坐着，安静而自在

很多人在装修房子的时候，会考虑非常多。而我，对于房子的需求很简单，即满足我未来五年的生活需求。在做整理师之前，我是一个上班族，在一个年产值20亿的集团工作了将近十年，担任过多个职位，从集团总裁助理，到全资子公司的CEO。事业上的忙碌，让我一度失去了年轻时候对于生活的一些幻想。所以，在经历了一个项目的瓶颈期后，我把人生按下了暂停键。经过一些考虑和抉择，我选择了整理师这个职业，而这个职业给我带来了快速的成就感和满足感，我也逐步深耕，在整理行业立足。

我的爱人是一个跟妆师，因为职业的关系，她比较喜欢热闹的都市生活。我们彼此非常尊重各自的生活方式，平时也给足对方空间。所以，我基本都住在东钱湖，她则在市区生活。

基于这样的生活方式，我们对房子进行了改造装修。房子原始结构是三室两厅两卫，在跟设计师沟通完需求后，我们对房子的布局进行全方位的改变。房子是柱体结构，除了外墙，没有任何承重墙。所以，在改造之初，我们几乎打掉了原始结构内的所有墙体，全部重新规划。

小贴士

一层改造要点

①拆除楼梯，重新进行浇筑，改变了上楼方向。

②拆除客卧阳台移门，将阳台封进卧室，增加了客卧的使用面积。

③拆除、重砌厨房和卫生间分隔墙。原来从厨房到餐厅还需要经过卫生间的干区，拆掉墙体后，厨房和卫生间完全隔离开了，而干区也设置在卫生间的内部。

④装修改造力度还是比较大的，改造完，房产证上原本 115.6 m^2 的套内面积，最后实际使用面积居然有 120 m^2。当时得知这个数据，我高兴了好一阵子，这套房子还是买得很值。

我们上一套房子是地中海式风格，住了7年后，有些看腻了。所以，装修这套房子的时候，我决定换一种风格。

日式装修风格的最大特点就是简洁，很多日式装修的家中，表面看上去就只有一些家具，而80%的生活用品都是收纳在柜体内的。这就需要比较大且合理的收纳空间。设计师应我的要求，在每个空间都设置了收纳空间，而且所有的柜体，包括一些墙体的木饰面，都基本保持同一个原木风格。

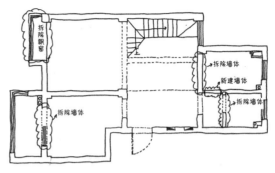

一层结构改造图

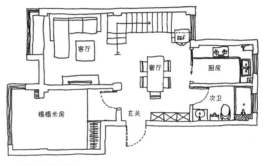

一层平面布置图

（一）玄关：一墙到顶的鞋柜，让玄关更加整洁

作为一个整理师，非常建议大家在玄关设计一个超大容量的鞋柜，否则一进门就看到散落一地的鞋子，会让人感到扑面而来的烦躁与不安。

玄关的左侧是一墙到顶的鞋柜。柜体是木工用E0级环保标准的实木板材现场打造的，总高度是2.2 m，净深35 cm。后期根据鞋子的数量，又增加了一些活动层板，总计可以容纳差不多50双鞋子。鞋柜内含有强电箱，强电箱处作为包类收纳区，可以放球包、电脑包、出门包等比较大的包类。鞋柜内的最下方是宠物用品收纳区，用收纳筐分类放置了宠物的生活用品、药品及衣物。鞋柜的下方预留了20cm高的空间，墙体预留了插座，作为扫地机器人和拖地机器人的区域。鞋柜门是一门到顶的，开门则采用凹槽式无拉手设计。

玄关连接着餐厅

鞋柜的侧边安装了一排挂钩，可以临时放置几件外套。下方的换鞋凳内也有收纳空间，放置了鞋套以及折叠伞。

入户门的右侧放置了一个 17 cm 宽的超薄翻斗柜，主要用来收纳客用拖鞋及外出拖鞋。台面上用收纳盒放置了钥匙、消毒用品。

右侧的墙面并没有简单地刷白，而是用木饰面装修，一直延伸到客厅。这面木饰面墙体的背后则另有玄机，将于客卧部分介绍。

一墙到顶的鞋柜

鞋柜侧边设计的挂钩，方便日常衣物的悬挂

用于收纳拖鞋的超薄翻斗柜

（二）餐厅：巧用楼梯下空间，打造隐藏式餐边柜

通过玄关，就是我家的餐厅。因为硬装时安装了水地暖，所以地面铺设了地砖，地砖的导热性比木板更好，而且地砖后期的清洁和维护都更加方便。且除去卫生间和厨房，全屋的地面都选择了 15 cm×80 cm 的仿木纹地砖，并采用鱼骨铺设。

餐厅的顶面用石膏板全部填平，内部是中央空调。空调出风口和回风口做了加长延伸，起到了装饰作用。而从玄关处延伸过来的一整面木饰面，也让整个流线更加柔和自然。

餐桌的桌面尺寸是 60 cm×140 cm，比较适合小户型，可以满足 2~6 人日常的用餐。

重新改造楼梯后，我在楼梯下最高的位置，放置了双开门冰箱，满足大容量的同时，离厨房更近。剩余的空间也让木工现场打造了实木柜体，由于楼梯的宽度比较宽，这个餐边柜的深度也达到了 60 cm，比一般的餐边柜更深一些，储物空间也更多了一些。

与整体设计风格相呼应的隐藏式餐边柜

打开柜门后，各类物品整齐有序地放置

餐边柜右柜体内放置了比较常用的餐具以及厨房用品。最上层是体积比较大、厨房放不下的粉干、面条；中层用抽屉收纳盒收纳了保健品，并用药箱收纳日常的药品；最下层是不常用的锅具，以及比较重的食用油、米。

餐边柜左柜体使用收纳盒放置了一些生活工具，如不常用的灯泡、装修材料、比较大袋的宠物粮食等。餐边柜的木门的材质、颜色及设计风格都与对面的鞋柜一致，保持整体的统一性。关上柜门后，与同一色系的楼梯也形成了一个整体。

（三）客厅：砸掉无用的飘窗，让客厅更大

客厅与餐厅之间，以楼梯踏步与玄关墙体木饰面的连线为分界线。

水吧的位置选择在餐厅和客厅的衔接处，即楼梯的正对面。我利用矮柜，打造了这个水吧，柜体的尺寸为80 cm×30 cm×120 cm。又买了一块木板，加宽、加长了台面，放置饮水机、咖啡机、机械式时钟和冬天开地暖期间用得上的小型加湿器，以及全屋的颜值担当——具有设计感的蓝牙音箱。

水吧柜体的内部，就近放置了与水吧相关的物品。第一层是星巴克出品的不同国家和地区的城市马克杯，这些不仅仅是杯子，更是一些旅游的记忆；第二层和第三层是一些备用杯子和吸管；第四层是咖啡、茶叶和招待客人时使用的冲泡饮料。

客厅

客厅、餐厅衔接处的水吧

水吧柜体的内部收纳

桌面收纳

客厅的电视是壁挂式安装，机顶盒刚好藏在电视的后面。由于空间较小，茶几和电视柜只能二选其一，我最终选择了一个带有收纳空间的茶几。茶几靠近沙发的一侧，有两个小抽屉。用抽屉分隔盒放置了数据线、针线包、指甲刀等小件物品。在选用收纳用品的时候，不妨利用家里的一些闲置物品，自己动手改造一下，也是一种废物利用。当时我把家里囤着无用的一些手机包装盒的盖子拿出来，正好合适。

在茶几的另一侧，桌面是可以升降的。内部的两个空间分别放置桌游及备用的手机壳、贴膜等手机周边。这样，就算没有电视柜，客厅的收纳空间也不显得局促。

茶几收纳

在做整理师的几年里，经常会被客户家的一些物品吸引。比如设计感与实用功能并存的音响，还有后来逐渐喜欢上的盲盒。在渐渐地买了一些盲盒后，我在客厅的角落处增加了两个高柜，主要用来收纳盲盒摆件，摆件用亚克力阶梯式收纳架进行陈列。柜体内的层板都是可调节的，正好可以放置三层共六个收纳架，大约可以

客厅角落处的高柜，一抬眼就能看到喜欢的摆件

收纳 150 个摆件。每天能看到自己喜欢的摆件，也是生活的一种幸福感。

客厅里，三人位的沙发放在与窗户平行的一侧。窗户的下面原来有一个飘窗，跟物业确认过结构后，砸掉没有任何影响，于是客厅又多了 0.8 m² 的空间。

窗帘选择了原木的百叶窗，天气好的时候，阳光透过百叶窗暖洋洋地洒进客厅。养了 12 年的泰迪犬，也爱极了这个阳光经常能洒下来的窗边。

阳光透过窗户洒进客厅

（四）厨房：充分利用墙面空间，扩大厨房收纳空间

　　我家厨房只有 5 m²，整体设计采用的 L 形布局。地面用 30 cm×30 cm 的灰色地砖平铺，灰色的地面更加耐脏。墙面瓷砖也是 30 cm×30 cm，每块瓷砖由 4 个黑框白色方格组成，后期用黑色美缝线进行填缝，整体看着像由一个个黑白瓷砖拼成，有一种小清新的风格，让整个厨房更加明亮。

厨房区域展示

橱柜也是原木色，所有的金属配件，包括柜门把手、墙面置物架，统一采用黑色，形成黑、白、原木色搭配，将日式风延续进了厨房。台面从右向左，按照使用动线设计，分别是"水槽区—配菜区—烹饪区—出菜区"。

　　各个空间的墙面，都用免钉胶安装了各种不同的置物架。水槽区属于湿区，墙面放置了砧板架、刀架以及锅盖架。烹饪区的正面安装了双层调料架，放置日常用的调料，侧面用挂杆放置烹饪用的锅铲。因为安装了洗碗机，所以燃气灶的下方用三个抽屉取代了传统的沥水拉篮。第一层抽屉的高度是 15 cm，用分隔盒放置筷子、勺子、刀叉等。第二层和第三层抽屉的高度是 25 cm，分别放置了常用的碗盘和不常用的厨房用品。

抽屉内餐具和碗盘的收纳

吊柜和地柜内，所有物品都按照整理收纳的原则，分类集中摆放，并且都贴好了标签，不同的人使用厨房，都能快速找到需要的物品。我妈在刚来新家住的时候，进了厨房根本不用问我东西在哪里，用得很是顺手。

橱柜与灶台收纳空间展示

（五）客卧：房间巧布局，轻松实现"一室多用"

　　榻榻米是日式装修中一个很常见的元素，我也很想拥有，于是设计师帮我设计了一个超大的榻榻米房间，足足有 13 m²。这个超大的榻榻米房间是就是隐藏在玄关木饰面墙后的一个玄机。

隐藏在玄关木饰面墙后超大的榻榻米房间

1. 超大的收纳空间

原来住的房子收纳柜做得非常少，导致结婚时的很多床品都没有储存的空间。榻榻米下方大量的储物空间可以满足当下以及未来多年的储物需求。储物空间总高度是 55 cm，除去地板砖和盖板，内部收纳空间的净高度有 50 cm。用百纳箱将常用的被子、枕头等物品装好，放在离门口最近的一个格子内。剩下一些全新的被子、四件套，还有一些从来不用，但是不可以扔掉的物品，比如结婚时候的一些喜庆用品，分别放在了其他四个格子内。

2. 升降式麻将机

最中间是一个正方形的格子，里面放置了一台可升降的自动麻将机。我经常会约朋友一起打麻将，而棋牌室的环境大多不让人满意。所以，我跟设计师要求，要在这个多功能室满足我的这个娱乐需求。我询问了商家麻将机安装的条件后，将榻榻米内需要预留的空间尺寸提供给木工，木工在榻榻米的最中间位置预留了这个空间。只需要取走上方的垫子和盖板，将麻将机用遥控升起后，就可以约好友一起玩上几圈。

榻榻米收纳

供好友娱乐的升降式自动麻将机

3. 一年用几次的客卧

亲人、朋友来我家留宿的日子并不多，一年里面大概用五个手指就能数得过来。麻将机不用的时候，可以下降隐藏起来，铺上定制的天然草垫作为床垫，再铺上垫被和床品，就可以作为床铺使用。如果不喜欢太硬的草垫，同时，我也预备了可折叠的乳胶床垫，将乳胶床垫打开就能使用，平时就收纳在柜子内。

亲友来留宿时，放上床垫即可作为客房

二层改造要点

①卫生间墙体拆除后，内移重砌。

②拆除、重砌卧室隔墙。

③拆除阳台移门，将阳台封进卧室。

通往二楼的楼梯是将原来的楼梯拆除后重新浇筑的。台阶使用榉木板铺设，就算是冬天光脚踩在上面，也不会觉得特别冷。扶手也是用榉木制作，圆弧设计的扶手，手感也比通常设置的玻璃扶手更好一些。

二楼经过改造后，形成了三个主要的空间：书房、主卧和露台。

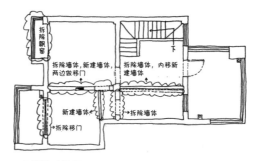

二层结构改造图

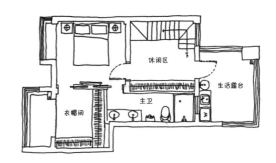

二层平面布置图

166

（一）书房：过道里挤出来的完美办公区

从楼梯上来后，有一个比较宽敞的过道。原卫生间墙面内移后，这个空间就更大了。木工现场打造了一整面柜体，增加了 4 m³ 的储物空间。这个柜体目前的使用率只有30%，还能满足未来五年内家里其他空间物品增多后的使用需求。

靠近楼梯的居家办公区

靠近楼梯的一侧，我将书桌放置在了这里，布置成了居家办公区域。边柜上用文件框竖立收纳常用的文件、记事本等，柜体内一侧放置的是打印机相关用品，另一侧的抽屉内放置的是文具、数码用品。桌面上放置常用的笔筒、台历、抽纸。而在书桌的最左侧，放置的是一个常温小酒柜，里面储存的大多是一些护肤品。这样储存，冬天开地暖的时候，也不用担心会影响护肤品的保存期限。

（二）露台：生活阳台和休闲阳台，谁说不可兼得？

靠近楼梯的露台

楼梯转角的左边，是一个露台。在改造房间的时候，就是因为有赠送 10 m² 的使用面积，满足生活阳台洗晒的功能，才能够无后顾之忧地将一楼和二楼的阳台全都规划进房间。

露台的地面重新做了防水和地坪，在安装地垄后，铺设了户外防腐木。这样，在后期打扫的时候也能放心地用水冲洗地板。露台的四周和顶部用铝合金和玻璃窗搭建了一个阳光房。为了稍微降低夏天室内过高的温度，在顶部也安装了可以遮阳的蜂巢帘。露台内靠墙的一侧，购买了防晒太空铝材质的成品洗衣柜，日常用的滚筒洗衣机放在洗衣柜的内部，台面也可以进行衣物的搓洗、鞋子的晾干。我还在墙面上安装了一个内衣裤专用的小型洗衣机，未来也能作为小孩子衣物的专用洗衣机。

而除了晾晒功能，阳光房在春秋季，也是比较适宜休闲的区域。放上户外桌椅，约小伙伴喝喝下午茶，也能一起享受温暖的阳光。

生活阳台的功能区域展示

（三）主卧：在简约中与自己相处

经过书房的过道，房门推开后，是二楼的主卧。卧室的设计非常简单，只放置了一张日式的低床。床头柜的设计是灵活的，可以拆除。未来有了宝宝后，拆去右边的床头柜，将床往左移动一些，右侧空出来的空间完全可以放一张儿童床。

见过了太多委托人家里的窗台，堆满了床品和衣物。所以，主卧原本的窗台与客厅的窗台一样，在改造时就敲掉了。在床头的一侧，我放了一个原木风的落地挂衣架，可以挂睡衣和次净衣。

作为一个二十年的电影迷，看电影可能是我打排球之外最大的爱好了。以前在上大学的时候，经常去音像店购买DVD，回到寝室后放在台式电脑的播放器中播放。那时候虽然也挺满足，但跟电影院的视听享受不是一个级别。所以，在买下这套房之后，我就想好必须要实现拥有一个家庭影院的梦想。设计之初，就要考虑到各个扩音器线路的走线，管道可以预埋在墙体和吊顶内。投影仪、幕布及功放音箱的位置也要设计好。

简约的卧室

卧室正对着床的墙面有两个可移门，推开后可以隐藏在墙体内。

右边推开门后，是一个独立的衣帽间，衣帽间的柜门是吊装灰玻璃移门，这样地面就没有轨道，不用担心灰尘或者异物卡在轨道内。

衣服收纳采用的是"能挂不叠"的方式。整个衣柜没有一个叠放区，就算是秋衣裤也是用衣架挂着，这样可以省去很多找衣服的时间。木工根据我的需求，在衣柜的转角做了上下短衣区，这样的设计极大地增加了可挂衣的空间。衣物收纳区从左到右依次为：中长衣区、转角上下短衣区、家居服上下短衣区、长衣区。

卧床正对面的可移门设计

衣帽间不同衣物的分区收纳

衣帽间最左侧的一个区域是抽屉和层板区，层板区主要收纳的是香水和包。下方一共四个抽屉，从上往下依次是饰品区、袜子区、内裤区及床品区。衣柜最上方的储物区除了收纳换季衣物，还收纳了我的一些新球鞋。为了方便知道鞋盒内是哪双鞋子，我在每一个鞋盒的外侧都贴上了打印好的球鞋的照片。这样的衣帽间，储存了我一个人一年四季的衣物。如果以后还有更多的衣服，或者是爱人的衣服，书房的大柜子就是扩容的空间了。

经改造后扩充的居家健身区

衣帽间的衣柜是 L 形的，中间空出的空间比较大。二楼改造后，阳台封进套内的空间也包含在衣帽间里，这个区域就变成了我居家健身的空间。我购买了一台比较简单的运动器械、一副可灵活调节重量的哑铃，再加上一张瑜伽垫，这样就能满足我的健身需求了。

主卫位于卧室左边可移门的后面。在卫生间的空间被加长后，洗脸台采用的是双台盆设计。台盆柜内分隔了三个抽屉，可以收纳一些小件物品。为了有一个大镜子，设计的时候放弃了镜面柜的需求，日常用的护肤品用收纳盒分类，放在墙面置物架上。

卫生间也安装了感应小便斗以及智能坐便器，在这之后，和爱人抢马桶的事件再也没有发生过。每日都用的浴巾晾在木质落地浴巾架上，备用的浴巾折叠好放在墙面浴巾架上，离淋浴房都很近，方便拿取。

小便斗与双台盆洗脸台

卫生间收纳空间　　　　　淋浴房

结语

　　家里空间的规划，应该以满足当下需求为主、未来规划为辅，只有这样，家才能越住越顺心。这套房子我已经入住 4 年了，根据自己喜好布置的房间，住得再久也还是很喜欢。很多时候，我喜欢一个人在家里发呆，在榻榻米上晒太阳，在沙发上听音乐，在阳光房喝咖啡，每一个角落都能找到自己内心需要的那份宁静。

　　每个人都有多重身份，对于那些每天生活在繁杂家庭事务中的人，我希望你们都能知道，你不仅仅是孩子的父母，你还是你自己。在科学整理好自己的家之余，也要整理好自己，迎接每一天新的阳光！

第八篇

全球最『巴适』城市中的屋顶花园

8

徐京 / 成都市 / 140 m²

　　忙碌了一周后，周末的傍晚是我家最放松惬意的时刻。吃过晚餐，T先生会坐在客厅的一角弹奏吉他，轻声哼着新曲调；Amy（女儿）在她的房间里贴贴画画，捣鼓着各式各样的手账、周边；而我，则是花时间在屋顶的花园里，摆弄着我最爱的花花草草。我们每个人沉浸在自己的热爱里，互不打扰。

　　如果有很好看的电影，我们也会齐聚在一楼阳台的娱乐空间，共同享受电影时光。这是我们家最悠闲的时间，也是我们最爱的生活状态。

住宅信息	整理师：徐京	基本户型：复式结构
	城市：四川省成都市	装修工期：6 个月
	使用面积：140 m^2	装修竣工年份：2017 年

满足家庭需求，才是理想设计

我的家在成都某座公寓楼的顶楼，是上下层的复式结构，建筑面积 140 m^2，有一个近 40 m^2 的顶楼露台。楼下有两间卧室、一个卫生间、一间厨房，以及一个连通玄关—餐厅—客厅的大开间，二楼由带卫生间的主卧、储物间、室内露台和花园组成，属于非常传统的复式房屋结构。

"这套房子应该是我们往后余生的家吧。"我对 T 先生如此说道。具备多年整理收纳师经验的我，在成都这座全球最"巴适"的城市里，为家人打造了一座独属于我们的小花园。

因为有过几套房子的居住体验，所以我们在提出新房购买计划的同时，罗列了对于未来房屋的几大要求：

第一，朝南而居。四川冬季的阳光尤为珍贵，只有朝南的窗户才能在冬季收集更多的阳光。在成都，阳光是让家拥有幸福感性价比最高的"硬装"。

第二，要有一个院子。从父辈继承下来对于植物的热爱，得有地方生根。

第三，要有储物间。有生活，就有囤积，我是一个囤物爱好者，我的爱好需要地方收藏。

第四，最好有独立玄关。前面几套房子因为玄关无法储物，生活质量骤降。

而最后选定的房子，充分满足了我们前面的三个要求，第四条在预算有限、选择有限的情况下，只能暂时放弃。也是因为这个原因，我们家的玄关一改再改，直到去年年底，才实现了我"入户即储物"的梦想。

家里摆放着我喜爱的绿植，这就是我想要的生活气息

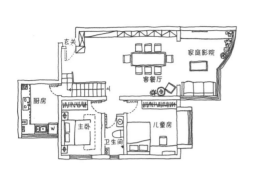

一层平面布置图

二层平面布置图

我家一楼的生活区设置了较多的储物空间，满足我入户即储物的想法

由于家里常住人口只有我、先生和一个刚上小学的女儿，所以在房屋的整体规划上，我们更关注自己的生活需求，以此为基础梳理出了规划需求。

①为正值学龄期的 Amy，打造一个阅读和交流的空间，降低电视对孩子的影响。

②孩子的物品（如文具、玩具）最好只在她的房间内收纳。

③一楼是家庭生活区，要有足够的储物空间，方便收纳和使用。

④玄关的储物空间要足够大，足以收纳我们进出门的所有物品，包括鞋子、帽子、包包、雨伞和化妆品。

⑤因为有顶楼露台，所以楼下不需要开放空间，尽可能将阳台空间充分利用。

⑥主卧集中在一楼，因此一楼卫生间虽然很小，但也要有足够的储物空间。

⑦我喜欢烹饪，厨房也是每天"战斗"的地方，要用最短的动线搞定一日三餐。

在整理了对房屋空间的前期需求后，房间的空间规划也变得相对容易，能够收放有度。

（一）玄关：打造一个极限的万能空间

我家玄关墙壁和大门的门洞之间的距离很近，基本没有储物的条件。在玄关 1.0 时代，我们因地制宜设计了一堵黑板墙。这样的设计虽然节省空间，但收纳动线较长，以至于我每天晚上都得逐一将穿了一天的鞋放回鞋柜。这样的情况持续了 5 年，终于在去年九月，我们迎来了玄关 2.0 时代。

玄关 1.0 时代：Amy 当时刚上小学，喜欢涂涂画画，一整面的黑板墙可以满足她的所有需求

玄关 2.0 时代

原来的黑板墙随着 Amy 的长大，已经没有实用价值，如果换漆改色，工程量又太大。经过权衡利弊，整理规划，我们重新利用一组"洞洞板 + 薄柜"实现了玄关 2.0 时代的规划。

在原来黑板墙的位置，离地面 1.1 m以上的空间用洞洞板遮挡原来黑色的墙体，既可以收纳入户的小工具（车钥匙、拆箱刀等），又能利用配件打造回家的仪式感，将香薰、植物、帽子全部搞定。下部设计为储物空间，利用墙体到门边12 cm 的距离解决小物件的收纳。特别是一年四季的拖鞋，虽然我家常住人口只有三位，但家里的拖鞋有近 20 双，因为我妈要求，所有直系亲属在我家都得拥有专属拖鞋，冬季一双，夏季一双。

玄关 2.0 时代：上层为洞洞板，下层为储物空间

拖鞋上墙，实现家庭多人拖鞋收纳的小技巧

　　想在极窄的空间里实现储物是一件非常有挑战性的事情，任何一双成人拖鞋的长度都超过 30 cm，宽度也在 15 cm 以上。在一个 12 cm 宽的柜子里面做收纳，听起来有点天方夜谭，我也绞尽脑汁。终于，偶然看见浴室拖鞋的上墙收纳方式，给了我新的灵感，如果所有的鞋都能像跳芭蕾舞一样竖起来，那 12 cm 宽的空间也一定能够收纳。我购买了适合的小工具，用 4 个单价 17 元的拖鞋架搞定 16 双拖鞋。关上门，拖鞋就被巧妙掩藏好，即使 12 cm 的窄缝，也能充当全家人的拖鞋柜。并且为了最大限度地释放空间，在柜体内部利用上中下的内置横条取代背板，稳定结构，打造宽 12 cm、深 8 cm 的储物空间，这样最厚的冬季拖鞋也能妥妥收纳。

除了拖鞋，最左边的柜子也收纳了清洁电器的配件和宠物卡卡的各种零食和宠物用品，终于实现了玄关的强大储物力，也让我的生活动线变得非常便捷。

在经历了玄关 2.0 大改造后，我家猪肝红的入户大门已然配不上这组玄关柜，也被我动手改色，换成了银灰色。

除了这组 12 cm 宽的储物柜，我家玄关还有一组匹配我个人动线特色的柜子，用来装我那些与日俱增的化妆品，这是我打造的玄关 3.0 时代。

我在距入户门右侧 35 cm 的墙体上，增设了一组门高 1.8 m、宽 30 cm、厚 25 cm 的带镜浴室柜作为我的化妆柜，柜体上部收纳我的各种片状面膜，中部是美妆工具和各类彩妆，下部是我的饰品和配饰，以及一些备用的口罩和小工具。

在柜门后，我还根据自己的身高，在高 1.5 m 处粘贴了一面小镜子和两个镜前灯，让开门化妆变得更加方便。而在下部利用门后空间收纳使用频率高的出门物品，让先生和 Amy 也能拥有便利。这样的玄关让我轻松实现"开门化妆—关门搭配"的零动线变美之路。

改造入户大门

化妆柜

（二）家庭影院：露台空间的重生

与玄关、客厅连通的还有一个露台空间，原本是一楼的开放区域，我们在去掉原来与室内相隔的玻璃门后，合并了一楼所有的公共空间，让入户即见所有。

在这个区域，我布置了一组电视柜和双人沙发。先生可以在这里玩 PS 游戏机，Amy 可以在这里看动漫，在同一空间内，两个人可以互不干扰。随着多媒体呈现方式的改变，全家一起观影的方式也有别于以前，一个双人沙发基本能满足我们家的娱乐需求，如果遇到放大电影的时间，取下沙发上的靠背垫，席地而坐也是另一种生活方式。

来过我家的朋友都说，一楼 85 m² 的使用感受超过 120 m² 的家。其实是因为打破常规公共空间设计，使用空间折叠的思路，在一个空间中满足多种生活需求，从而减少动线和多余的家具，让空间体验变丰富。

小贴士

经验总结

①清楚自己的生活需求。

②放弃使用频率低的大家具。

③充分利用定制柜体空间，减少无用家具。

多功能的露台空间

露台既是家庭空间的延伸，也是我们家娱乐空间的补充

（三）客餐厅：生活空间多出 30% 的秘密

我们家是标准的简约混搭风格，一屋一风格，一处一设计。没有某种条条框框的限制，反而有了自己的风格。没有过多的家具，几组整墙的高柜负责收纳各个空间里的物品，其他的家具在兼具实用的功能性外，外形设计力求简单。我也因为装修这套房，更全面地了解了各种家具产品，为我后来的整理师工作加分不少。

我的家没有玄关遮挡，也没有巨型沙发和柜子，客餐厅的家具高度都在 1 m 以下，即使是小户型的房子也给人"大空"的感觉。每值冬季，阳光透过阳台的大窗户，可以直接洒进屋子的最深处，让我们在寒冷的冬季也能肆意享受温暖的阳光。没有大型家具的阻碍，家中的空气流通也变得更加顺畅，每当来到客厅，我的心情也变得舒畅起来。

身为整理收纳师，我这些年的工作便是成为一个空间的"魔术师"，通过别出心裁的空间规划方案，让家变得更舒适，更适合自己。我的家，也不例外。

在房屋整体规划上，我们直接挣脱了原有房屋布局一定要独立设计玄关、餐厅、客厅的桎梏，让空间变得通透阔朗，直接用一组 6 m 长的柜子横跨与连接空间。同时，大胆地去掉了传统的"餐桌 + 沙发 + 茶几"布局，而是用一张 2.35 m×0.8 m 的大桌连通整个空间。

客餐厅的满满收纳力

破除各个空间封闭的桎梏后，整体空间开阔又明朗

空间布局的调整也改变了我们的生活方式。

这张大桌子既是我们的餐桌，又是我们全家人的学习桌、办公桌和手作区。因为它足够大，既可以让每个人拥有独立的空间，又方便面对面地沟通交流。朋友们来家里，大家也会很自然地在餐桌周边围坐交流，从而拉近彼此的距离。再也不会出现大家围坐在电视机前，被沙发和茶几隔开，同时注意力被电视画面分散的尬聊场面。

与客餐厅大桌子配套的柜子，也是我们充分考虑到生活动线，规划好储物功能分区的产物。

柜子从左到右分别是玄关柜、餐边柜和书柜。靠近入户大门的玄关柜是我们收纳鞋子、包包、

办公

就餐

家庭小工具和通勤物品的地方。上、下部利用层板分区收纳了我们一家三口一年四季的鞋和通勤的包，特别想要分享的是 Amy 的鞋柜，在整个玄关柜中。我们为 Amy 规划了可以放 10 双鞋专属的鞋柜，在 7 ~ 12 岁的 6 年里，她的鞋从来没有超过 10 双，因为我们以鞋柜为界，培养她的边界感，让她懂得物品的取舍。

客餐厅柜子分区

（四）厨房：与生活相爱的烹调世界

我喜欢烹饪，更从母亲那里继承了乐山人对美食和家庭的热爱。母亲在物质匮乏的 20 世纪 80 年代，都想方设法为我和姐姐制作各种小点心，当年我们家橱柜里的烤箱是很多同学羡慕的物件。

所以我家买房的第一诉求是厨房必须足够大，只有足够大的厨房储物空间，才能将我家众多的厨房工具收藏，具体需求如下：

①冰箱要放在厨房里，谁也不想在烹饪时，还要冲到客厅或餐厅寻找冰箱里的调料。

②要有洗碗机和净水器，洗碗机可以解放我们的双手，让我的烹饪没有压力，净水器可以为家庭带来健康便捷的饮水体验。

③考虑购入垃圾处理器。

④合理利用地柜空间，用抽屉或拉篮收纳小件物品。

⑤用薄款吊柜实现储物空间的向上扩容。

⑥要有能容纳烤箱、微波炉、蒸箱和除湿机的收纳空间。

要收纳数量如此庞大的厨房用品，还不能越界收纳，为此我们拆掉原来的生活阳台，把它并入厨房空间，实现面积的扩容。原来阳台一整面的窗户用一组半帘做遮挡，既可以保证隐私，又能透过窗帘将成都的阳光全部纳入。

根据生活习惯和物品情况，我们把厨房划分成了十大区域：上部吊柜是干货区、囤积调料区和水杯容器区；台面的饮水区和备餐区各据一方，不相互影响；地柜空间则作为多功能区域，有锅具区、工具区、碗碟区、调料区和清洁区。实现整个厨房的最优布局，让物品和空间以最佳状态在厨房相融。

中国家庭最头疼的收纳问题之一是厨房调料和干货收纳，很多人都习惯将买来的物品直接用原包装储存，既造成空间浪费，又难以做到密封收纳，造成细菌滋生。

我家从 6 年前就开始使用的一套密封罐帮助我解决了以上所有问题，而且让我的厨房食物一目了然，取用方便。

除此之外，地柜里面的调料工具区和碗碟区，也是我在设计厨房柜体时一并提前规划的，充分利用下部柜体的空间特点，契合物品使用的频率，利用拉篮将使用频率高的物品就近储存，且不需要多余动作，拿取也非常方便。

使用半帘作为厨房遮挡，保证厨房的采光

厨房区域

厨房的各种收纳区

现在的厨房我们已经竭尽全力做到最佳规划，而清单中的垃圾处理器，因为太占水槽下部空间，也被我用单价 0.001 元的平替食物残渣过滤网实现此功能。厨房电器中的大三件也因为体积太大，而用三合一的微蒸烤箱作为替代。现在这台三合一的厨房电器已经成为我们家使用频率最高的家用电器，物超所值。

三合一微蒸烤箱与平替过滤网

科技改变生活，而规划让生活更轻松。

（五）儿童房：与孩子一起的百变天地

提到打破常规，我家还有一个没有遵循传统布局的房间，意外收获了很多惊喜。那就是陪伴我们 Amy 长大的儿童房。

按照常理，大部分的家庭都会将家里比较小的房间留给孩子，爸爸妈妈享受更大的独立空间，但我们将一楼最大的房间规划为她的儿童房，为的是有足够的收纳空间。入住 5 年，儿童房也随着 Amy 长大在变化，努力收纳下她成长中的所有物品。

入住这套房子时，Amy 已经上小学，我们在儿童房里，除了要规划睡眠空间，还要预留出她学习阅读和娱乐玩耍的空间，而对应的物品也要有收纳空间。意味着在这个空间里，要有床、衣柜、书柜、写字台、小抽屉，还要有娱乐玩耍的空间。这对于 10 m^2 的儿童房而言绝对是不小的挑战。

Amy 喜欢画画，要确保书桌的尺寸足以让她自由挥洒。小朋友现在的衣服虽然不多，但杂物多，而随着年纪增长，各种物品也会增加，所以衣橱空间尽量做到最大，既能收纳衣物，又可以成为她个人物品的储存空间。于是，我们在她 10 m^2 的房间里设置了一个长度为 2 m 的衣橱和一个 1.55 m×0.75 m 的书桌。同时，抬高床板，利用床下空间实现我们的收纳需求。

而选择什么高度的床最合适，我们也思考了很久。高度在 1.5 m 的床，孩子上下床不方便，空间感受也会很压抑；0.8 m 高的床则能让我们随时看到入睡的孩子，交流方便，下部又有空间储物，配合 60 cm×60 cm 的儿童储物柜可以实现书籍和小物品的收纳。同时，整体床围高度不超过 1.2 m，我刚好可以轻松观察到孩子，拉近了我们入睡前的距离。

在我们家儿童房的床下，靠近床尾的是 60 cm× 30 cm ×120 cm 的书柜，挨着写字台的是 60 cm×50 cm×60 cm 的抽屉柜，方便她在自己的空间里自由收纳。在房间的中部预留出 1.7 m×2 m 的地面，她的小伙伴们齐聚闺房也不会拥挤。

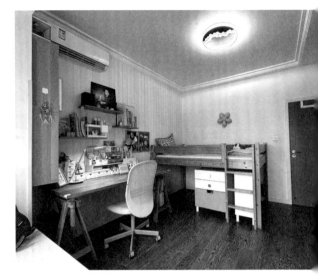

床下空间也可利用

宽敞的书桌留给 Amy 一片自由创作的天地，而身后足够大的衣橱更是满足了未来一段时间的储物需求

190

正当我们还在各个平台上分享着 Amy 房间的规划设计并沾沾自喜时，5 年的时间过去，她也从一个 7 岁的孩童，长成 12 岁的青少年，兴趣爱好也越来越广泛。从手账到油画，从盲盒到手作，越来越多的物品堆积在她的房间，让身为整理师的我也无从下手。

随着年纪增长，Amy 的东西越来越多，房间也被爱好填满

很高兴，Amy 在从小的耳濡目染中已经知道怎样合理利用空间，而我仅作为技术支持，陪伴 12 岁的孩子完成了书桌周边所有物品的整理规划。

在书桌的左边墙体，利用可以上墙的 20 cm 深的薄柜，配以亚克力的收纳工具，实现马克笔、手账胶带和卡片资料的收纳。其余的零星小工具，Amy 充分利用书桌靠墙的 15 cm 的空间，再配合适合尺寸的各种小抽屉，所有让妈妈头疼的小物件就有了专属的空间，儿童房又恢复了应该有的秩序。在这样的过程中，我看到了 Amy 的学习能力，也真正感受到整理对孩子成长的意义。整理收纳对于孩子不仅仅是物品的整齐，更是通过规划，利用工具实现空间整齐和物品使用便利双重需求。

（六）卫生间：空间利用的艺术品

当然，除了大空间的规划，整理师的厉害之处还有小空间的利用。我家楼下的卫生间和厨房算得上空间利用的王者。

如果用一句话来概括我们家的一楼卫生间，那就是"麻雀虽小，五脏俱全"。

因为 Amy 年纪太小，我们一家三口都在一楼生活，一楼的迷你卫生间随即成为家里最繁忙的空间。如何规划好这个仅有 2 m×1.2 m 的卫生间，且能够满足我们一家三口的高频使用需求，是一个大挑战。

为了在这样一个狭窄的空间里实现干湿分离，并且能 2 个人同时使用，我们将洗手台、收纳区、坐便器和淋浴区在左边依次分布，留出右边大约 70 cm 的空间作为通道。我们选择了 55 cm × 35 cm 的大面盆洗漱台，坐便器宽度在 45 cm，夹缝移动收纳架利用 12 cm 的空间收纳一切洗护用品。在这样紧凑的规划下，小小的卫生间里还拥有一个 1 m × 1.2 m 的浴室空间，将小空间的利用发挥到最大。

这是家里的迷你卫生间，选择了大水池方便洗衣和洗漱

洗漱台因为选择了储水量最大的面盆，台面基本不能置物，墙体上的镜柜和一些小工具实现了我们一家三口洗漱物品的收纳。

镜柜里收纳的是我和先生用于个人护理的一些瓶瓶罐罐和小工具。而使用频率高的牙刷、牙膏和洗面奶因为经常带水，全部通过上墙小工具收纳。在卫生间除了这些常用物品，还有偶尔会用到的一些日化产品，如洗衣液、清洁剂、洁厕剂等，洗漱区没有多余的收纳空间可以容纳它们。而夹缝移动收纳架却能在这样的狭小空间里既实现储物，又能作为洗漱区台面的延伸。

我们利用牙刷架收纳一家三口的电动牙刷，两个牙膏架分别收纳儿童和成年人的牙膏，还有两个小桶分别收纳梳子和美容小工具。

一些经济实惠的上墙小工具

我家卫生间遵循的三个规划原则

①必须干湿分离，可以让两个人同时使用。

②充分利用墙体收纳物品，释放另一边通道的更多空间。

③充分利用缝隙，收纳日用品和洗护物品。

这样的规划和布局，让我家不到 3 m² 的卫生间成为全能型的卫生间，容量超级大，使用也很方便。

（七）楼顶露台，享受成都的每一缕阳光

一楼已经承载了 90% 的生活需求，余下的 10%，我们用楼顶露台的一个角落实现，满足日常的洗衣和晾晒需求。露台的最短动线，不仅可以降低家务的琐碎感，而且不会浪费四川的每一缕阳光。洗衣区上方是园艺工具和日化品，帘子后面是我自制有机肥料的地方。

屋顶的露台不仅是衣服晾晒的角落，更是我的花园

刚搬来的时候，花园的规划都是园艺公司的设计师在做，但在种植了一段时间后发现，部分植物品种不太适应楼顶的气候，长势不是很好，只能移除后重新选品、规划。

现在院子里每一株植物都是我从小苗开始培植的，经过五六年与环境的磨合才有了现在的样子。如今，院子被我打造成玫瑰和绣球的花园，每年的花期可以从 4 月延续到 11 月。在不出门的日子里，因为这一片植物园，我们享受到了城市里难得的悠闲生活。

日常在这里完成衣服的洗涤与肥料的制作

我养了多年的花与女儿的草莓

平日里和朋友们在这里聚会和烧烤，享受城市里难得的悠闲生活

  3~5月是楼顶花园最宜人的时期，T先生泡杯茶，拿本书便可以在院子的遮阳伞下待上一整天。而我也会拿着园艺工具，这边瞅瞅，那边看看，享受着园丁才有的成就感和乐趣。

结语

当今社会，随着生活节奏的加快和生活空间的不断缩小，越来越多的人意识到整理对于生活的重要性，而整理师的出现，更是为整理行业注入了新的活力。

整理师的工作不是简单的收拾和整理，而是在充分了解客户需求和生活习惯的基础上，通过巧妙的设计和布置，打造一个既美观又实用的家居空间。整理师需要综合考虑空间的功能性、舒适性、美观性以及个性化需求等因素，从而达到最佳的整理效果。

在整理师的工作中，"设计"是非常关键的一环。"设计"是将整理师的想法和客户的需求融合在一起，通过创意和技术手段，将空间布置得更为合理、美观和舒适。

整理师需要对色彩、材质、光线等方面的要素有深入了解和把握，通过巧妙的搭配和组合，创造出更为和谐的空间氛围。

除此之外，整理师还需要注重细节和实用性。需要将空间的细节处理得精致、完美，同时考虑实用性，将每一寸空间都充分利用起来，让居住者的生活更为便捷和舒适。

而这一切，需要整理师自己对家有良好的体验，从而结合自己的理解，通过整理传递这种温暖、舒适的感受。

我热爱整理师这个职业，也热爱成为整理师以后改造的家。我利用整理师的专业知识，不断调整家庭布局，注入自己的巧思，让生活变得富有乐趣。

这就是我的家，一个整理师的家。

第九篇

东方风骨，
新中式之家的优雅淡然

9

愉婷 / 深圳市 / 310 m²

　　你能相信吗？虽然家里有两个孩子，但是我的玩具比孩子的还多几倍！家里的玄关、客厅、走廊、梳妆台等地方放了琳琅满目的小摆件，每一件都有一个故事。家里的东西全是我精心淘来并整理过的。每个区域连同这些小物件一起，构成了一个温暖的家。这就是整理和审美结合的最佳呈现，也是家的意义所在。把平淡琐碎的日子打理成喜欢的样子，是一种能力，更是一种生活态度。

住宅信息	整理师：愉婷		基本户型：五室两厅三卫
	城市：广东省深圳市		装修工期：7 个月
	使用面积：310 m²		装修竣工年份：2018 年

始于盛夏，拥有自己的家

5 年前的夏天，我拥有了一套真正属于我们一家四口的房子和"家"。为什么这么说呢？因为在这之前，我都住在爸妈家、公婆家。而这个房子是从毛坯开始，由自己打造起来的家。

一开始进入这套毛坯房，我对这套房的整体空间布局是一头雾水，但经过设计师的一番规划，再结合自己实际的居住需求，慢慢地有了一些新的思绪。我们是 90 后夫妻，有一儿一女，除了保姆阿姨，还需要预留出长辈房、儿童娱乐区，来满足对家庭空间的大体需求。

一进门的右手边是茶室，这个是我们在装修规划时的特别设计。为什么要设计这个茶室呢？因为先生是潮汕人，在潮汕的每家每户都有一个必备社交技能，那就是"呷

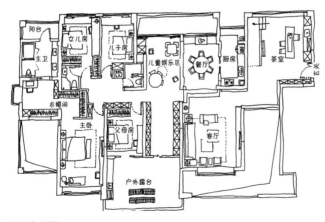

平面布置图

嗲"（潮汕话，"喝茶"的意思）。从茶室出来需要转一个小弯才到客厅，这可以起到很好的隔断作用。每当朋友带着小孩来家里聚餐，大人便在茶室说笑，小孩则在客厅和玩具房玩耍，大家互不打扰。按家庭人口数量划分卧室，我们把原格局中卧室区域能砸的部分都砸掉，重新规划每个人的空间。哥哥、妹妹每人一间卧室，再预留一间长辈房，以备长辈偶尔来家里短住，最后又敲掉了三个房间，给自己改了一间主卧。按照我的设想，主卧内放了一个带有氛围灯和超大镜子的梳妆台，并且将卫生间分区，设计成干湿分离的格局，这样我就能放上最喜欢的圆形浴缸。

有两个孩子的家庭，物品的数量要比想象多得多。所以在装修时，我尽可能多地让设计师在图纸上预留出添加柜体的位置。从进门的鞋柜到楼梯斜坡下面，每个有可能储物的空间都不放过。茶室内做了一面墙的柜子，阳台的过道也放了满满一排柜体。这里还想温馨提示一下即将装修房子的朋友，柜体尽量做一门到顶的样式，这样可以很好地隐藏柜门把手，弱化柜体收口边，使空间在视觉上显得更大。

房子装修好后，我发现，虽然柜子多了，但物品依旧不够整齐。每当我看着凌乱的物品，都感到十分焦虑。我想要一个井井有条且温暖的家，于是，慢慢接触到了整理这个行业。在有了一次全屋整理的经验之后，我开始学会按照自己的喜好，对每个空间的布局做出调整。经过全屋整理后的家，每个柜体里面的物品，在分类上都非常清晰。比如，一般我们会把常用的物品放到柜体的黄金区域，即中间层板区域。使用频率不高的物品比如行李箱，则会放到最高处。每个卧室的空间也只存放卧室使用者的物品，让每个人的物品都有边界线，这样一来，就不会出现物品乱窜的现象，有利于物品复位。

有了自己的房子后，我更加认识到了家庭整理的重要性。杂乱无章的家庭和干净整洁的家庭，对孩子的成长以及父母长辈的生活质量会产生截然不同的影响。因此，在设计房间布局的时候，我首先考虑的是实用性，即如何设计整理动线，才能做到既干净整洁，又可最大限度地合理使用空间，从而提高家人的幸福感。整理过程看似简单，实则大有深意。整理思维也是一种逻辑思维，每个物品都应按照逻辑，在相应的空间得到整理。就像我们进门时，会在玄关处设置鞋架，这就是我们在回家后，能把鞋子有效整理好的一种置物规划。

当然，家里杂乱无章，是因为个人空间和生活规划能力有待提高。想要解决这一问题，可以通过整理收纳，帮你理清空间凌乱的根本原因，并加以改正。这就是整理的意义。

灯光下的入门玄关摆件，整齐又温馨

（一）玄关——把杂乱隔离在外

网购时代，每天的快递有 10 多件，玄关处堆满了各种杂物。如何做到回家和出门时，取放随身物品的动作一气呵成，并且尽可能美观，成为一大难题。

1. 利用收纳用品，轻松隔离杂乱

进入家门的左手边，便是玄关。这个玄关会根据我的心情摆放不同的装饰品，在装饰品的旁边会设置一个托盘，回家后把车钥匙、耳机等随身物品一放，鞋子一脱，家里的成员就可以直奔茶室休息。这一套动作行云流水，总能给人一种"回家真好"的感觉。设置托盘是为了有效整理一些小物件，避免物品乱放导致家里凌乱。这样也可以让我们在忙碌了一天之后，节省整理收纳的时间。在玄关处，我还放了一个物色了很久的藤编木质筐，这个大筐里带有三个分格和一个笔筒。因为我有些洁癖，不允许把快递拿进家里，所以一般快递在门口就会被拆掉，这时候就需要很顺手地拿到剪刀和刻刀，进行每日拆箱的动作。合理利用收纳用品，可以很好地避免杂乱。

2. 改造玄关柜体，既能增加储物空间，又能方便整理收纳

原本玄关内上下连通的柜体都是鞋柜，我们将中间的部分挖空，改造成置物台。在置物台的墙面，加上黑镜以及灯带，可以让整体空间变得更加宽敞和明亮。但是有的家庭鞋子比较多怎么办？可以直接选择一门到顶的鞋柜，通过内置活动层板来摆放不同高度的鞋子，比如运动鞋、平底鞋、靴子等，以此解决这一问题。我家玄关柜子的顶部储物，底部放家庭成员的拖鞋。我给家里每个人都立了小规矩，回家后与出门前都要把自己换下的鞋子摆放整齐，而且每人只能在此放一双鞋。哥哥一直遵守这个小规矩，并且每当爸爸或者妹妹回家后没有整理他们的鞋子时，哥哥就会向我投诉并要求我去叫他们放好。"下次再乱放，妈妈就要惩罚你们！"哥哥总是对爸爸和妹妹这么说。这让之前可能会乱摆乱放的一家人，有了保持干净整洁的意识。

我家的玄关是存放车钥匙、口罩、出门随身物品的区域，但它不只是安置物品的地方，也是能让我感觉到归家温暖的角落。每当我回来得比较晚，阿姨就会提前在玄关处为我留一盏灯。当我踏入家门时，一股暖流涌上心头。回家，真好。

看到为我常亮的那盏氛围夜灯，这一刻，我回家了

（二）茶室——藏八露二，给予美好生活想象的空间

茶室是我们招待家人、朋友的空间，也是孩子们不在家时，我与先生吃饭的好地方。在这里，我总能想起那些关于家的美好记忆。

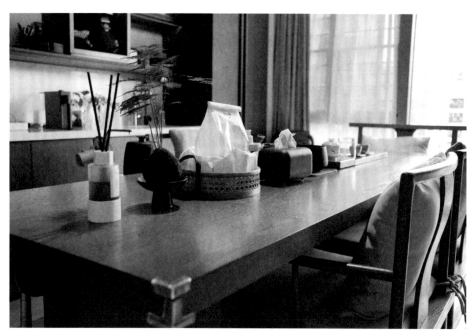

茶桌上的香薰、文竹、吐司整齐地排着队，生活气息浓厚

1. 藏八露二，只保留最喜欢的物件

因为有茶室的需求，所以设计师建议我们搭建成两层，一楼一进门的区域作为茶室，用于会客、茶歇，二楼则用于其他功能。这里的吊顶采用了大平顶的设计，整体开阔、干净，和我追求的新中式风格一致。同时，灯光方面选择了无主灯设计，这样会增加茶室的空间感。

窗外的微光透入茶室，让这里变得明亮起来

在装修前期考虑到我们日常需要在茶室泡茶，由此和设计师商量规划了一个方便接水滤茶以及洗茶杯的区域，在茶桌后方安装了一个带有滤水功能的洗手池。

洗手池所在区域的台面，我们使用了大面积的鱼肚白大理石，这样显得台面干净利落。在台面上，我摆放了晾杯架、台面饮水机以及一台迷你杯子消毒机，都是一些使用频率极高的物品。台面上方还有四层木质与黑不锈钢结合的陈列架，上面主要摆放展示品、酒杯、醒酒器以及一些具有收藏价值的酒。整理师行业有一个专业术语叫"藏八露二"，顾名思义就是把大部分的物品藏起来放到柜体中，将具有观赏性的物品陈列展示出来。我将茶室内的三个大柜体按需求进行了分区，第一个柜体用来放一些不常用的中古杯、冲茶器皿、玻璃器皿、水壶等，另两个柜体则用来放存酒以及不常用的茶叶。装修房子的时候，要多跟设计师到现场沟通、琢磨，根据自身需求来定制适合自己的储物空间、装修方案。

偏暖的灯光映在茶桌上，一丝暖意涌上心头

2. 多功能使用，给予美好生活想象空间

当我们入住了一阵子后，发现茶室的使用频率比客厅、餐厅都要高。与其说是茶室，还不如说是大人的多功能区域，因为每次有朋友到家里聚会时，都直接坐在这里喝茶闲聊。有时，这里也会替代餐厅的功能，变成我一个人吃早餐或者我跟先生两个人吃晚餐和宵夜的地方。

我是一个注重仪式感的人，这种仪式感体现在，每到逢年过节，这个长条形状的茶桌上就会被我摆上五颜六色的食物，比如糖果盒、年糕等。这样，来串门的亲戚和邻居在一进门的时候，就能看到这些富有节日气息的物品，气氛十足。如果需要谈正事，我们也会选择在这个茶室内完成。

就这样，来到这个茶室的人们，彼此分享着各自生活中遇到的琐碎小事，这些小事拼凑起我对于茶室的美好记忆。

每每回想起这些，我总是感慨，这就是美好的生活呀！

小小文竹给整个茶室增添了一份生机

（三）客厅——合理布局，成为家的中心

1. 选择干净的颜色作为主色调，硬装和软装才有发挥的余地

客厅，是整个家的中心区域。

在装修时，我跟设计师沟通的想法是在硬装上尽可能留白，色调要温暖干净，这样在后面的软装上，才有无限的可能。这个区域的主色调是米色和棕色，所以在软装上，我们选择了低饱和度颜色的沙发和两个体积偏小、高低错落的拼接茶几。与茶室相同，我们在照明上选择了无主灯系列。

在客厅的儿子举起他的儿童相机跟我对拍

我一直认为客厅是和孩子们交流情感的好地方，且深知空旷的空间有利于人冷静思考。因此，没有在入住后的客厅摆放过多的物品，也没有选择过多的装饰物来点缀。朋友每次来我家都笑话我说，这哪里像家，这简直就是个售楼处的样板房。的确，我很喜欢这种物品不多、空旷的感觉。

皮质家具与整个空间融合在一起

穿过这条走廊便是家里的静区——每个人的卧室

2. 适当增加摆件，生活气息更浓

　　窗台上，我会依据季节变化摆放吊钟或者马醉木，抑或是其他种类的绿植，为这个空荡荡的客厅添一分生活气息。客厅旁边也会贴一些照片，有时候孩子们会让我陪着看电视，我们一起度过快乐的半小时时光。

　　在南方，冬天偶尔会有特别冷的时候，那几天晚上，两个娃在睡前就会一人抱着一个泡脚桶，一边泡脚，一边捧着水果看电视。他们经常会和我谈论墙上的照片，我也会坐在沙发上给他们讲一些他们小时候的故事，引得他们哈哈大笑。我告诉他们，这个房子见证着你们的成长，所以这个房子也是我们的家人，我们要爱护居住的家，保持家里的干净整洁，这不仅是对我们自己的锻炼，也是爱家人的表现。孩子们听了纷纷点头。看着孩子们在温馨的家庭健康成长，这种生活很幸福。

这是一处花了心思的小角落，趣味木质身高尺记录着两个孩子的成长

自带禅意的吊钟让整个客厅充满了生机，吊钟的花语是"隐藏的美、好运吉祥、纯洁浪漫"

3. 立好规矩，让客厅成为家的中心

在搬家以后，每天晚上临睡前，我都要求孩子们把玩具收拾回儿童房，不允许任何玩具在客厅"过夜"。我的客厅就是要一直保持一尘不染、毫无杂物，这样才有助于静下心来整理思绪，以便随时在这里进行头脑风暴，探讨深刻的话题。客厅，成为我与孩子一起成长的重要空间，也成为家里最中心的地方。

（四）厨房——整理师与烟火的碰撞

在厨房内，根据动线划分水火区并安排餐桌物品，让整理师与每日柴米油盐的烟火气碰撞。厨房卫生让很多家庭为之困扰，究竟该如何做到整洁有序且有效地提升烹饪效率呢？这也成为整理师绞尽脑汁和生活烟火气对抗的地方。

1. 根据动线，给厨房划分水火区

厨房是家里烟火气最浓厚的地方，家中的一日三餐都在这里完成。对厨房进行整

理，能够把控食品卫生，这也是对家人负责的体现。从一开始装修，我就在毛坯房的厨房里设想，以后怎么在这个厨房煮饭才顺手，也就是整理课上所说的动线。厨房有火区、水区的划分，洗、切、煮要形成一条流畅的动线，这对于烹饪者来说，会大大提高做饭的效率。右侧的操作台是烹饪区，即火区，我将调料设置在了火区的右手边，这可以让我在炒菜过程中，右手随时拿取调料。而左侧的操作台是水区，负责洗、切，这可以让我在烹饪的同时，有空间进行清洗工作。水火分开，更加有序。

这是入住前拍摄的厨房，想以后在这里煮很多顿饭菜

这是入住三年后的厨房，依然保持着干净清爽

中国人在吃饭时讲究情感交流，我们家也是这样。我不常烹饪，但是有时会亲自下厨，试着给做一顿有妈妈味道的午饭或晚饭，表达我对他们的爱。爸爸、哥哥、妹妹每次都高兴地坐在餐桌前等待我上菜。不一会儿，我陆陆续续地端出菜，有哥哥最爱的鸡腿、妹妹最爱的番茄炒蛋、爸爸最爱的牛肉等，他们看见我做的饭菜，连连夸赞。一家人其乐融融地坐在一起吃饭，我想生活的幸福感大抵就是如此。

拍摄当天恰好在包饺子，做了两份焗猪扒饭，隔着屏幕仿佛能闻到饭菜的香气

我做饭的时候，哥哥和妹妹有时会伸着脖子看我做了什么菜，有时会在厨房帮忙或者吃完饭后主动提出洗碗和擦桌子。周末在家的时候，我也会告诉他们如何做一些简单的食物，培养他们独立生活的能力。因为在我看来，所谓学习，不仅需要学习课本知识，而且需要学习生活技巧和人情世故，这对于孩子的成长是至关重要的。而这些内容的学习，可以通过和家人一起做饭的方式来实现。

2. 如非必要，餐桌上不摆放其他杂物

我很注重餐桌上的物品摆放。我始终认为，餐桌应该是家人用餐的地方，就餐时摆放好使用的餐碟碗筷，非就餐时除了必要物品，其他什么都不放。所以，平时我家的餐桌上除了纸巾盒以及一棵简单的水培盆栽，是没有任何杂物的。

很早之前，我看过一些未被整理的餐桌图片，感到十分震惊。一家人在堆满杂物的餐桌上就餐，用餐时需要手动扒拉出一块区域放菜。从桌面经过整理后的图片来看，餐厅变得舒心了很多。我相信，一家人不用在一堆杂物中匆匆忙忙地吃饭，整理后的餐厅极大提升了每位家庭成员的用餐幸福感。

这是下午三点钟的餐厅，阳光透过窗户照亮了此处

每件物品都应放在它被需要的位置，这是对家庭整理的基本要求。餐桌整理好后，我们不需要再花额外的时间，这既能保持清洁，又能提升生活幸福感，何乐而不为呢？

我们常说，欢乐是家的生命。我们在干净的厨房做饭，在整洁的餐桌上就餐，通过一顿饭让一家人感受到欢乐。我想，有了欢乐就有了生命的意义。

没有就餐需要的时候，餐桌很像样板间的展示品

（五）儿童房——通过强化亲子整理的方法，建立孩子的规则意识

随着两个娃年龄的增长，儿童房的布局也在不停地变化。哥哥从幼儿园升到小学，儿童房也从玩具房过渡到书房。

1. 明确儿童房玩具区域

刚搬进这个家的时候，哥哥 4 岁，妹妹 2 岁，正是玩玩具的高峰期，所以我把其中一个层高较矮的房间用作玩具房。玩具房在装修的时候是空无一物的，墙面一边是

软包的设计，一边是挂着黑板墙。因为我知道随着年龄的增长，玩具房的格局是要一直改动的，所以在硬装上少做一些固定的柜体，后期按不同年龄段的需求来购买可移动的桌椅，改动起来会方便很多。

早期，我把玩具一窝蜂地塞到这个玩具房里，后来我发现，每次他们玩完玩具，我都要收拾很久才能恢复原样。于是，我请了目前团队的整理师上门，他们帮我重新规划了玩具柜、桌游、篮球架、玩具厨房区和大件玩具区域。第一次邀请团队里的整理师完成全屋整理后，整理师也跟两位小朋友交代清楚不同类型玩具的摆放位置。

玩具房里有一组宜家的儿童置物架，一共两层共八个格子。我给哥哥分了上层的四个格，妹妹则分了下层的四个格，他们就有了自己专属的玩具摆放区域。男孩子的玩具多为汽车、机器人、变形金刚、超人等，女孩子的玩具多为布偶、娃娃、迷你家具等。每当哥哥找不到某个玩具向我求助时，我便会带着他认识格子里收纳筐上贴的标签纸，并询问他要找的玩具属于变形玩具、车类玩具还是其他卡通类的玩偶。通过这样一次次的询问，哥哥慢慢对自己的物品有了分类的意识。从那之后，哥哥每次玩完都会自觉且快速地把玩具归位。而妹妹似乎对分类没有太明白，但她已经知道下层四个格子是她的区域，会把自己的玩具放回自己的区域，这就已经有物权意识了。

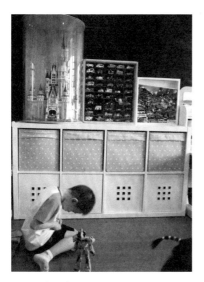

哥哥正在认真摆弄着他的玩具

几乎所有男孩都喜欢小汽车，把他们喜欢的模型——陈列出来

2. 一视同仁，立好整理规矩

每当家里来了一大群小孩，哥哥就会提醒他们，玩具玩完要放回原位，才可以回家。虽然听起来感觉很严厉，但在我看来，这是最基本的礼仪。而对孩子来说，同龄人的言行也是很好的教育。好的生活习惯真的得从娃娃抓起，从身边的人和小事抓起。我对他们兄妹俩的玩具是下过"通杀令"的，立的规矩就是如果晚上睡觉前不把玩具"送回家"，妈妈就视为你们不需要这些玩具，那么第二天他们就看不到这些没收拾好的玩具。

通常哥哥记性很好，基本都会照做，妹妹记性稍差且年龄尚小，常常记不得这条规矩。但是一言既出，驷马难追，为了让他们长记性，我真的会把没收拾好的玩具藏起来一个星期，有时候甚至更久，以此来提醒他们睡前要整理收拾好玩具。等他们表现好了，再让这"消失"的玩具重新出现在他们眼前，以另一种方式归还给他们。

3. 懂得取舍，让孩子在整理中学会管理

两个孩子的玩具，随着年纪的增长变多。每逢生日、节日、周末，或者孩子的表现有进步时，我都会对他们进行玩具奖励。这些玩具来自爷爷奶奶、外公外婆、叔叔姑姑、大舅大姨，它们承载着长辈对孩子们的喜爱。对于新的玩具，孩子们爱不释手，而旧的玩具就会被慢慢淡忘。每过 2 ~ 3 个月，我会对玩具房进行大清理，先把所有玩具清空，再让他们把最喜欢的挑出来，最后让他们自己分好类，放入属于自己的区域，让他们在整理中学会取舍。

我则将被淘汰的玩具放到小区闲置群里低价售卖，或是免费送给有需要的朋友、邻居。我个人觉得家里用不上的东西，比如小孩不要的玩具、穿不上的衣服等，不应该直接丢弃，而是要让这些物品循环使用起来，养成二次利用物品的好习惯。

在认真"贩卖"雪糕甜品的可爱老妹

4. 家长率先展示什么才是"收拾好"，孩子才能有样学样

其实，在大人命令小孩把玩具收拾好的时候，小孩对于"收拾好"这三个字完全是蒙的。因为大人首先要给小孩创造一个有秩序且整齐的大环境，小孩才懂得什么叫"收拾好"，而不是一味地往柜子里乱塞一通。在哥哥上学的这半年时间里，我给他们新增了两张学习书桌，让他们提前习惯书桌的存在，并且有意识地减少玩具的数量。

另外，在哥哥的书桌上，我会将桌面全部清空，上面的架子也只放一些必备的文具，物品越少，专注力越高，会更集中注意力学习，而不是到处张望寻找玩具。在二孩家庭里，重点管好年纪大的孩子，让他做好榜样，小的就会有样学样。暑假里，我带着哥哥手写基本的拼音、字母、书法，妹妹看到后也模仿着哥哥坐在书桌前的样子，尽管她只是拿着画笔乱涂乱画，但能像哥哥一样坐得住，可以静下心来在书桌上做一件事情，已经很棒了。

这个时刻，两个娃难得静下来，各自做各自的事情

这片区域是还在上幼儿园的妹妹使用的空间，她的书桌跟玩具柜并列而置

这是为上小学的哥哥特别准备的学习区域，希望他学业进步

（六）阳台——打造家居中非日常区域

1. 阳台分区，巧用生活灵感

阳台面积大概有 50 m^2，我把 30 m^2 左右规划为景观区域。日落时分，坐在阳台的观赏区域发呆，拿出手机拍拍当日的天空以及夕阳，悠闲又散漫，可以缓解当天所有的烦恼与疲惫。

墙壁上的壁灯，灵感来自香港的亦居酒店，这个酒店号称拥有全香港最棒的夜景。某次旅游期间，我在那里住了两晚。有一天，我无意间走到酒店的空中花园，发现墙壁上高高低低地放着圆圆的白色小灯泡，这些小灯泡透过玻璃灯罩散发着昏暗的灯光，在夜晚营造出一种浪漫的感觉，显得十分别致。大家可以尝试在日常生活中把自己喜欢的元素、风格保存到手机里，日后装修时可以直接把图片发给设计师看，这样一来，设计师就能更快地了解你想要的风格。

这把稻草伞是我在网购时无意间看到的。它是我喜欢的材质和风格，买回来正好放在阳台，给家营造出一种假日氛围。朋友开玩笑地说，地上放一堆沙子就是马尔代夫了。在家给自己打造一个度假风的阳台也是别有一番滋味。

正午时分，阳光洒入阳台，一派生机勃勃

夜幕降临，华灯亮起，好似一场美梦

藤编摇摇椅、草编伞、餐边小桌都是我一点一点买来填满阳台的

傍晚时分，是我最喜欢待在阳台的时间。因为这个时候，每天都能看到不同的云朵和日落。云卷云舒，天空从明亮蓝渐渐过渡到橘黄、昏黄，我总是感叹"夕阳无限好，只是近黄昏"，生怕错过阳台的每一刻美好时分。我一直认为阳台是一栋房子中最让人放松的地方，一个好的阳台会给我们的生活带来不一样的感受。每当晚饭结束后，我都会坐在阳台吹吹风，喘口气，这可以让我从做家务的忙碌中抽离开来，得到放松。再之后，哄娃睡觉的2~3小时也十分煎熬，所以等娃睡着后，若天气好并且有风，我又会拿着手机，跑到阳台，躺在摇摇椅上小憩。有时候朋友来家里玩，我也会请他们到阳台上面去，一起慵懒地晒晒太阳，静享几分悠闲与自在。有时候孩子们很吵闹，我静不下心，也会在这里摆个小小的桌子，让他们坐着看书，感受大自然的亲切与美丽。

在阳台欣赏云卷云舒

某个风和日丽的下午，妹妹坐在阳台，拿着儿童照相机拍风景

阳台的其他空间则作为生活区域。我定制了一系列铝制柜体，铝制材料防日晒雨淋，非常耐用。在这里，还摆放着洗烘机、洗手盆、拖把、晾衣架等物品，是我们存放生活用品的地方。其中，洗衣机、烘干机做了嵌入式设计，在洗衣机上方则设计了开关门的柜体，方便日常洗衣时拿取洗涤用品，顶部的柜体区域则放一些洗涤用品及地毯、抹布等日用消耗品。在日常使用中，我可以通过这个柜体，对库存还有多少一目了然，判断是否需要及时补货，这样就不会造成还没使用完就重复购买的问题了。

阳台上盛开着娇嫩的绣球花

现在装修有个专用名词称为家政柜，拖地机器人、扫拖一体机、吸尘机、螺丝刀工具箱、行李箱等用品都统一存放在这个区域。

2. 增加绿植，同时解决绿化和实用问题

在搬进这个家的三四年时间里，我根据季节的变化以及植物的适应力，一直孜孜不倦地更换着阳台的绿植。一开始，我选择了绣球，绣球虽好，但超级怕晒，且容易缺水，难打理。后来，发现狐尾天门冬是我种植过的众多绿植中最耐晒、最易养活的植物，所以种了很多。种花让我有机会观察花开花谢，每次想到这里，总感觉是一件很浪漫的事情。时不时更换阳台的绿植，心情会很好。这样的阳台设计既能照顾到家庭的绿化问题，又不失实用功能。

（七）主卧与卫生间——复现澳门丽思卡尔顿酒店的风格

朋友打趣着说，你这哪是卧室，明明就是澳门的丽思卡尔顿酒店。

1. 用入住酒店的方式，开启新的一天

每日起床后，我会顺手把被子铺好并折起一个角，就像在澳门酒店内开夜床服务时，服务员做的那样。我还把入住酒店时的仪式感带到了家里，比如每天都会把拖鞋放到床边，并且在床头柜放一瓶矿泉水和一个玻璃杯。

干净整洁的生活来自日复一日的坚持，卧室的整洁与否会直接影响人的睡眠质量。想一想，每当入睡时，看见整洁的卧室是一件多么幸福的事情。

2. 多用香薰，使用方便又能增加生活幸福感

这个位于主卧的书桌，也是我觉得最治愈的角落之一。

在这里摆上我最喜欢的绿植和香薰蜡烛。每当我点开熔蜡灯，闻到蜡烛熔化后散发出的香味，幸福感油然而生。

我是一个喜欢收集不同品牌、不同味道、不同色系香薰的人。在香薰及香水这两类物品的陈列上，我购买了亚克力透明置物架来摆放。因为好看的东西就是要摆出来供人观赏而不是藏起来，而且摆放出来也方便使用。

夕阳西下，阳光透过窗帘，洒入卧室，
伴着香薰，惬意舒适

哥哥与我玩入住游戏

3. 化妆品要留存有度

这是我主卧中最重要的区域之一——梳妆台。在装修的时候，我就向设计师要求，我的梳妆台要有大理石的桌面、皮包边的抽屉还有一整面大氛围灯。每次坐在这里，无论是早上还是晚上，我好像总能抹去睡意和疲惫。

在梳妆台的区域，我只在桌面上摆放了每天都需要使用的护肤品及好看的水瓶、抽纸盒。另外一些使用频率不高的护肤品、化妆品则放到柜子里面，需要时再拿出来，这样一不会生尘，二不会显得桌面杂乱无章。

4. 打造酒店风主卫，在家享受变化的乐趣

欢迎来到我的主卫。这是我仿照着澳门丽思卡尔顿酒店格局打造的主卫，干湿分离的布局，还有一个我喜欢的圆形大浴缸和做了双人盆的洗手池。

卫生间的收纳区域分为干区及湿区。干区指的是使用时不会有水溅到的地方，我在马桶后方做了一组柜子用来存放干纸巾及囤货类的棉签、棉柔巾、卫生巾；湿区的收纳则要考虑到物品会受潮，所以只能用于存放洗浴用品、洗涤用品。

在双人洗手池边上，我用两个亚克力托盘来区分我跟先生的洗漱用品，这样显得既美观又卫生。

偶尔早上会跟先生同频起床，两个人在同一个空间里洗漱刷牙，是一件很温馨的事情。

我给自己留了一处空间放每日必用的护肤品，在梳妆台上留下些生活的印记

酒店风满满的洗手间、淋浴间

浴缸边上的宫灯百合，一串串的好似小灯笼，嫩绿色的枝叶线条为浴室增添了一丝仙气

我最喜欢的是浴缸，每逢天气降温，都会放上一浴缸热水，在茶几上备好热茶及水果，点上香薰蜡烛，就像在度假一般。触感轻柔的泡泡，漂浮在浴缸内是那么晶莹剔透，让我十分喜爱。泡澡可以让我卸下当天所有的疲惫，这时再品一口热茶，尝一口水果，那感觉妙不可言。

在日复一日的居家生活中，在自己的日常空间内打造一个神似酒店的区域，每天变着花样装饰空间，让洗漱、洗澡都变成一件有趣的事情。

不同的装饰品会给人带来新鲜感，图为紫蓝色绣球及桂花香气的蜡烛，在旁边配上一盏水晶灯，给人一种清新脱俗的感觉

浴室有双人洗手池，早上起来跟伴侣一起洗漱是一件微妙又幸福的小事

点上玫瑰香气的香薰蜡烛，泡上一杯热茶，再配一碟水果，一边泡澡，一边享用，那感觉妙不可言

结语

　　每个人都该拥有整洁的生活环境，因此，要培养清晰的整理思维。我想告诉大家的是，干净和生活气息一点都不冲突。好的收纳不仅仅是为了好看，还能帮你节省寻找物品的时间，减少家庭矛盾的产生，增加幸福感。有时静下来审视自己整理后井井有条的家，会在很多瞬间觉得生活温柔且浪漫。

一家四口的乐高小人，整整齐齐地摆放着

后记
Postscript

住宅，从某种观点上可以看作身体的延展。每个住宅所呈现出的状态反映着主人的价值观和个性。

大千世界，有很多诱惑，整个物质世界也很大，无边的物质诱惑让人们对物的取舍成了难题，这也是很多人无法感知自己真实需求的原因。我们仅围绕书中的内容，回归到家庭本身来思考问题，家的组成是什么？各自的边界在哪里呢？

家是由人、物品、储物空间三者在不同的时间维度组成的生活的样子。在整理师的眼中，家里凌乱的根本就是物品占据了人在家中的活动空间，也就是物品数量超过容量边界。我认为，可以从收纳物品的储物空间入手，在有限的房屋面积中，提前规划每个功能区的储物空间容量边界，尽可能地设计出空间应有的样子，最大化地提高内部格局的利用率，减少空间浪费，然后把家里的物品都收纳在已规划好的储物空间内，剩余的空间便是人的活动空间。

所以，在家的空间里，仅关注住宅面积边界是不够清晰的，只看到家中物品和人的关系，同样不客观。

如何平衡人、物品、空间三者的关系已经被探讨了很多年，却始终没有一个可以落地的答案。我们知道，只有看透了整个物质世界的本质，才能有更高的精神追求，才能不为物所累。如何让我们在感知生活的过程中更加客观地看到人与物的本质呢？我想，通过明确家的生活空间边界，便能找到答案。整理师的小心思其实都藏在细节之间，整理师用实际的案例，阐明了以上的观点，希望能给大家一些对生活的启发。

我们在整理小家的同时，也更加关心绿色住宅与全生命周期住宅，努力通过我们的一举一动为地球的可持续发展献出微薄之力：增加储物空间，更好地留存物品；旧物改造再利用，减少丢弃物品；提升物品利用率，不再乱买东西；通过我们的努力，减少温室气体排放，减少废水排放，减少塑料废物，践行可持续的生活方式……

一家一世界，一屋一生活。

从我们做起，一点一滴，笃行致远。

卞栎淳